Hicham Harhar
Said Gharby
Zoubida Charrouf

**Évaluation des déterminants de la qualité de l'huile d'argane**

# EVALUATION DES DETERMINANTS DE LA QUALITE DE L'HUILE D'ARGANE

HICHAM HARHAR
SAID GHARBY
ZOUBIDA CHARROUF

# INTRODUCTION GENERALE

L'arganier (*Argania spinosa,* Skeels L., Sapotacées) est un arbre endémique du sud-ouest marocain, où il joue un rôle socio-économique et environnemental–très important.

L'Arganier joue un rôle irremplaçable dans l'équilibre écologique. Il est considéré comme une ceinture verte contre la désertification. La destruction de cet arbre entraînerait certainement une désertification du sud ouest Marocain, et exposerait des millions de ruraux à l'exode rural.

L'arganier présente un intérêt économique direct en fournissant huile, feuillage, fourrage, et bois ; et indirect par les productions agricoles qu'il permet sous son ombrage. L'arganeraie assure ainsi la subsistance de 3 millions de personnes.

Malgré tous ces intérêts, on assiste à une régression alarmante de l'arganeraie aussi bien en superficie qu'en densité.

Devant cette problématique, le Laboratoire de Chimie des Plantes et de Synthèse Organique et Bio-organique (LCPSOB) de la faculté des sciences de Rabat- Agdal s'est fixé comme objectif de valoriser les produits de l'arganier au profit des communautés rurales pour qu'elles soient plus motivées à protéger et à replanter l'arganier.

Ce travail s'inscrit dans le cadre de la continuité des séries de recherches effectuées par le Laboratoire de Chimie des Plantes et de Synthèse Organique et Bio-organique sur l'arganier.

Un volet de recherche est concerné.

- Recherche appliquée ou les facteurs influençant la qualité de l'huile d'argane sont étudiée d'une façon systématique.

Ce livre est organisé en deux grandes parties:

Dans la première partie, nous présenterons un rappel bibliographique sur l'histoire de l'arganier et les travaux phytochimiques antérieur réalisées sur des différentes parties de l'arganier.

La deuxième partie concernera les résultats et la discussion. Au cours de cette partie nous ferons une évaluation des déterminants de la qualité de l'huile d'argane.

# I. GENERALITES SUR L'ARGANIER

## 1. DESCRIPTION BOTANIQUE DE L'ARGANIER

L'arganier (*Argania spinosa (L.)* Skeels) est une espèce endémique du sud –ouest marocain. C'est le seul représentant de la famille des sapotacées (famille tropicale et subtropicale) au nord du Sahara en Afrique du nord. Son plus proche voisin est *Sidéroxylon L.* présent au Cap Vert et à Madère.

La famille des sapotacées est classée dans l'ordre des Ebénales, faisant lui–même partie de la sous classe des Gamopétales et de la classe des Dicotylédones [1].
Cette famille est subdivisée en quatre sous-familles : Madhucoidée, Sacrospermaoidée, Mimusopoidée, Sidroxyloidée. Elle comprend environ 800 espèces et 60 genres dont les plus importants sont : *Argania, Illipe, Mimusops et Madhuca.*

L'arganier est un arbre de 8 à 10 m de hauteur, avec un fût de 2 à 3 mètres, souvent composé de plusieurs tiges entrelacées et soudées, et une cime très dense et ronde.

L'âge de cette essence ne peut être estimé qu'approximativement, puisque son bois présente des cernes non distincte et qui correspondent à des périodes de végétation plutôt qu'à des années. Ainsi Boudy en 1931 [2] donne un accroissement moyen en circonférence de 1,35 à 1,8 cm/an selon les stations. Ce bois est très dur, très compact et lourd.

L'arganier est surtout remarquable par sa grande diversité phénotypique. On distingue la forme épineuse à port dressé et la forme pleureuse à rameaux flexibles. Les feuilles persistantes sont de couleur vert sombre. Elles peuvent être alternes ou réunies en fascicules, avec une forme spatulée ou lancéolée plus ou mois allongée, en période de sécheresse prolongée les feuille tombent en partie ou totalement.

Les fleurs de l'arganier donnent un fruit qui est formé d'un péricarpe charnu ou pulpe renfermant noyau central très dur comprenant une jusqu'à trois amandons oléagineuses. Le fruit a la grosseur d'une noix ; à la maturité, il est de couleur jaune, parfois veinée de rouge. Sa forme à des dimensions variables selon les arbres.

La maturité des fruits s'étend du début de l'été jusqu'au début de l'automne.

Enfin l'arganier se caractérise par un système racinaire de type pivotant qui peut descendre à des grandes profondeurs, il peut être même traçant dans les substrats rocheux, ce qui lui permet de profiter des faibles quantités d'eau de pluie [1].

## 2. ASPECT HISTORIQUE

L'Arganier daterait de l'ère tertiaire, à l'époque où vraisemblablement existait une connexion entre la côte marocaine et les îles Canaries. Il se serait alors répandu sur une grande partie du Maroc puis, au quaternaire, l'Arganier aurait été refoulé au sud-ouest par l'invasion glaciaire, ce qui expliquerait l'existence actuelle de quelques colonies prés de Rabat (à Oued grou), et très au Nord près, de la côte méditerranéenne, dans les Beni-Snassen.

L'arbre est très anciennement connu et utilisé par l'homme puisque les phéniciens, au Xème siècle, auraient utilisé l'huile qu'il produit dans leurs comptoirs installés le long de la côte atlantique.

En 1219, Ibn Al Baythar, médecin égyptien, décrit dans son "Traité des simples" (traduit par Lederc en 1877) l'arbre et la technique d'extraction de l'huile.

*" Un arbre de haute taille, épineux, donnant un fruit du volume d'une amande et contenant un noyau que l'on triture et dont on extrait l'huile pour l'employer dans les préparations alimentaires. "*

En 1515, Jean Léon l'Africain (El Hassan Ben Mohammed El Wazzani el Zagyati) parle des arbres épineux des Haha qui produisent un fruit appelé "argane" duquel on extrait une huile servant pour l'alimentation et l'éclairage (traduction d'Epaulard).

En 1737, Linné, à partir seulement de rameaux séchés et sans fleur, donne la description spécifique dans son " *Hortus clifor tianus* " sous le nom de *Sideroxylon spinosum* L. du genre Rhammus (Sapotacée).

Schousboe, consul danois au Maroc en 1791, publie ses observations sur la flore marocaine et en particulier sur l'Arganier.

Hooker, en 1878, décrit par ailleurs le mode d'obtention de l'huile et l'identifie comme un mélange de saponines et l'appelle arganine. Gentil en 1906 délimite l'aire géographique de " l'arbre du Souss ".

En 1924, le "secteur" de l'Arganier est cité par Braum - Blanquet et le Maire dans leur mémoire "Les études sur la végétation et la flore marocaine".

La même année, Emberger fait connaître l'existence des Arganiers dans la haute vallée de l'Oued Grou entre Tedders et Rommani. Découvrant un autre îlot sur le versant Nord du massif montagneux des Beni Snassen au nord d'Oujda, il précise en 1925 l'extension ancienne de l'espèce.

Maire, en 1926, publie à la suite de ses missions dans le Souss un premier article sur la végétation du Sud Ouest marocain, citant deux types d'arganeraies : celle à *Euphorbia echinus* du littoral atlantique et celle à *Hesperola burnum platycarpum* (Maire) des montagnes d'Adar-ou-Amane, ébauchant la première classification d'arganeraie des plaines et des montagnes.

En 1929, Battino s'intéresse à l'huile d'argan et à d'autres produits de l'Arganier notamment l'arganine isolée par Cotton et à laquelle il prête une action hémolytique in vivo et in vitro.

Actuellement le véritable nom de cet arbre est, d'après l'index Kewensis (1911), *Argania spinosa* Skeels.

Durant les 20 dernières années, le LCPSOB a joué un rôle très important pour la valorisation de l'arganier. En effet, il a lancé dès 1986 un programme de recherche fondamentale, de recherche appliquée et de recherche-action afin de contribuer à la préservation de ce patrimoine qui constitue le dernier rempart contre la désertification. Ce programme de recherche a pour finalité la préservation et le développement de l'arganeraie. Il est réalisé avec la conviction que la valorisation des produits de l'arganier et l'implication des communautés locales permettent un développement durable de notre ressource phytogénétique. Les retombées de ce programme sont aussi bien scientifiques, socio-économiques qu'environnementales. Les travaux du LCPSOB permettent, d'une part, de donner confiance aux consommateurs d'huile d'argane via une qualité améliorée, ciblée par rapport aux diverses utilisations et un itinéraire technique optimisé et, d'autre part, de proposer de nouvelles voies de valorisation des co-produits d'extraction de l'huile d'argane et des produits issus de l'arganier afin de diversifier ses usages commerciaux.

D'autres travaux ont été réalisés pour identifier de nouvelles molécules de différentes parties de l'arganier afin de les promouvoir comme produits pharmacodynamiques ou composés industriels.

## 3. LES ROLES DE L'ARGANIER

Parmi les rôles primordiaux que remplit l'Arganier, nous parlerons en particulier des fonctions économiques, sociales et écologiques.

### 3.1 ROLE ECONOMIQUE :

L'écosystème « arganier » est intimement lié à la vie quotidienne des populations de la région à travers les produits qu'il procure.

L'arganeraie s'étende sur 830000 ha. Elle se situe dans des zones où la pluviométrie ne dépasse guère 200 à 300 mm/an, et la température peut parfois atteint 45°C, ceci révèle que les conditions naturelles dans les régions d'implantation de l'Arganier sont dures. Pourtant cet arbre offre maints fruits et produits. La production fruitière (noix d'argane) varie en fonction de l'âge et de la densité (20 à 100 kg/arbre) avec une moyenne de 40 kg/arbre/an. Sur la base de la densité moyenne des peuplements d'arganier (environ 50 arbres par hectare) et du rendement en huile d'argane (3 litres pour 100 kg de noix d'argane sèches), la production *potentielle* est estimée à 32 000 tonnes d'huile d'argane par an [3].

La production actuelle du bois est de l'ordre de 80 tonnes/ha de matières vivantes, ce qui constitue l'équivalent de 50 tonnes / ha de matières sèches.

En ce qui concerne la Production pastorale, il n'existe pas de forêt parmi toutes les forêts du Maroc, à vocation pastorale équivalente à l'arganeraie. Elle accueille tout au long de l'année un nombre considérable d'animaux, principalement des caprins, des ovins et des bovins.

La production pastorale de l'arganeraie nationale atteint 320 millions d'unités fourragères soit l'équivalent de 320.000 tonnes d'orge d'une valeur de 480 millions de dirhams [3].

## 3.2 ROLE SOCIAL

Outre qu'elle offre le pâturage, l'huile et le bois de chauffage, l'arganeraie assure également la subsistance de quelques 2 millions de ruraux. Elle permet ainsi de stabiliser les populations des campagnes et donc de limiter le phénomène de l'exode rural.

Une autre fonction sociale de l'arganeraie réside dans les journées de travail qu'elle procure aux habitants de ces régions.

L'exploitation forestière procure quelques 800.000 journées de travail / an.

L'organisation des populations à travers la création des coopératives féminines initiées autour de la valorisation des produits de l'arganier et plus particulièrement l'huile d'argane.

Actuellement, 140 coopératives féminines regroupant plus de 5 000 adhérentes, produisent près de 100 000 litres d'huile par an.

Par ailleurs, le secteur de l'arganier permet :

• la procuration de 7 millions de journées de travail familial par an ;
• la production de 80 000 tonnes de coques utilisées comme combustible ;
• la production de 5 400 tonnes de tourteau utilisés dans l'engraissement des bovins.

Le revenu familial dont l'arganeraie participe à hauteur de 25 à 45 % selon les zones varie de 9 000 à 15 000 Dh/an/ménage.

## 3.3 ROLE ECOLOGIQUE :

L'Arganier joue un rôle irremplaçable dans l'équilibre écologique. Grâce à son système racinaire puissant il contribue au maintien du sol et permet de lutter contre l'érosion hydrique et éolienne qui menace de désertification une bonne partie de la région de l'extrême sud ; il est considéré comme une ceinture verte contre la désertification. La destruction de cet arbre entraînerait certainement une désertification de ces régions, et exposerait des millions de ruraux à l'exode rural.

De plus, grâce à son effet ombrage et améliorateur du sol, il peut permettre une production agricole non négligeable dans les conditions climatiques actuelles, L'arganier protège par son ombre « l'herbe pastorale et les plantes » et assure ses besoins en eau par voie d'évaporation et de condensation atmosphérique.

Enfin, de nombreux organismes vivants (faune, flore et microflore) sont directement liés à sa présence. La disparition de l'Arganier entraînerait certainement la disparition de plusieurs espèces, provoquant une diminution de la biodiversité dans la région, d'où une réduction du patrimoine génétique, aussi bien pour l'arbre que les autres espèces animales, végétales ou microbiennes.

Dans les régions montagneuses, l'arganier facilite la pénétration de l'eau dans le sol, ce qui entraîne une alimentation accrue de la nappe phréatique.

## II - COMPOSITION CHIMIQUE DES DERIVES DE L'ARGANIER

### 1. L'HUILE D'ARGANE

L'huile d'argane est connue par ses quatre types : l'huile de presse torréfiée (HPT), huile artisanale (HA), deux huiles alimentaires de couleur brune claire, assez fluide ayant une odeur agréable (odeur de noisette), l'huile de presse non torréfiée (HPNT) utilisé pour la cosmétique de couleur jaune et l'huile de laboratoire de couleur jaune obtenu par extraction par solvant organique et utilisé pour la recherche scientifique.

#### 1.1 COMPOSITION CHIMIQUE DE L'HUILE D'ARGANE

#### 1.1.1 CARACTERISTIQUES PHYSICO-CHIMIQUES

Les caractéristiques chimiques de l'huile d'argane a été étudiées par plusieurs auteurs. Les principales constantes physico-chimiques de l'huile d'argane vierge relevées dans la littérature sont rassemblées dans le tableau 1.

Tableau 1 : Caractéristiques physico-chimiques de l'huile d'argane :

| Constantes | Norme Marocaine de l'huile d'argan [4] | H.A [5] | H.P.T [5] | H.P.N.T [5] |
|---|---|---|---|---|
| Indice d'acidité g%g | ≤3.3 | 0.89 | 0.75 | 0.86 |
| Indice de peroxyde meq/kg | ≤20 | 0.71 | 0.7 | 0.4 |
| Indice d'iode $g_I$%g | - | 107.97 | 107.46 | 109.05 |
| Indice de réfraction à 20 $^0$c | 1.463-1.472 | - | - | - |
| Indice de saponification | 189-199.1 | - | - | - |
| Insaponifiable % | ≤1.1 | - | - | - |
| Phosphore en ppm | - | 9.92 | 32.91 | 31.53 |
| Teneur en eau et matières volatiles % m/m | ≤0.2 | 0.22 | 0.089 | 0.098 |
| Teneur en impuretés insolubles %m/m dans l'éther de pétrole | ≤0.3 | 0.13 | 0.29 | 0.22 |

### 1.1.2 COMPOSITION CHIMIQUE

La composition chimique de l'huile d'argane s'est révélée intéressante par la nature de ces fractions glycérique (99%) et insaponifiable 1% [6].

Les acides gras de l'huile d'argane sont à plus de 80% des acides insaturés.

Les acides oléiques et linoléiques sont présents respectivement à près de 45% et 35% [6], ceci confère à cette huile de très bonnes qualités diététiques.

#### A. FRACTIONS GLYCERIQUES

#### 1. ACIDES GRAS:

Les acides gras sont des acides carboxyliques R-COOH dont le radical R est une chaîne aliphatique de type hydrocarbure de longueur variable qui donne à la molécule son caractère hydrophobe (gras).

La grande majorité des acides gras naturels présentent les caractères communs suivants :

- monocarboxylique
- chaîne linéaire avec un nombre pair de carbones
- saturés ou en partie insaturés avec un nombre de doubles liaisons maximal de 6.

L'étude des acides gras de l'huile d'argane montre qu'elle est de type oléique, linoléique (80%). Le tableau 2 résume les principales valeurs trouvées dans la littérature [5 ; 6 ; 7] :

Tableau 2 : Composition en acides gras de l'huile d'argane

| Acides gras | SNIMA [4] | H.A [7] | H.P.T [5] | H.P.N.T [5] | H.L [6] |
|---|---|---|---|---|---|
| Myristique C14: 0 | <0.2 | - | 0,16 | 0,15 | 0,2 |
| Pentadecanoïque C15: 0 | ≤0.1 | - | 0,07 | 0,06 | 0,1 |
| Palmitique C16: 0 | 11.5-15 | 14,3 | 12,57 | 11,57 | 13,9 |
| Palmitoléique C16: 1 | ≤0.2 | - | 0,10 | 0,09 | - |
| Heptadécanoique C17: 0 | Traces | - | 0,08 | 0,09 | - |
| Stéarique C18: 0 | 4.3-7.2 | 5,9 | 5,94 | 5,32 | 5,6 |
| Oléique C18: 1 | 43-49.1 | 48,1 | 42,77 | 43,15 | 46,9 |
| Linoléique C18: 2 | 29.3-36 | 31,5 | 36,86 | 38,09 | 31,6 |
| Linolénique C18: 3 | ≤0.2 | - | 0,15 | 0,12 | 0,1 |
| Arachidique C20: 0 | ≤0.5 | - | 0,39 | 0,33 | 0,4 |
| Gadoléique C20: 1 | ≤0.5 | - | 0,35 | 0,37 | 0,5 |
| Béhinique C22: 0 | ≤0.2 | - | 0,15 | 0,12 | 0,1 |

**H.P.N.T :** **Huile de presse non torréfiée**
H.P.T : Huile de presse torréfiée
H.A : Huile artisanale
H.L : Huile de laboratoire

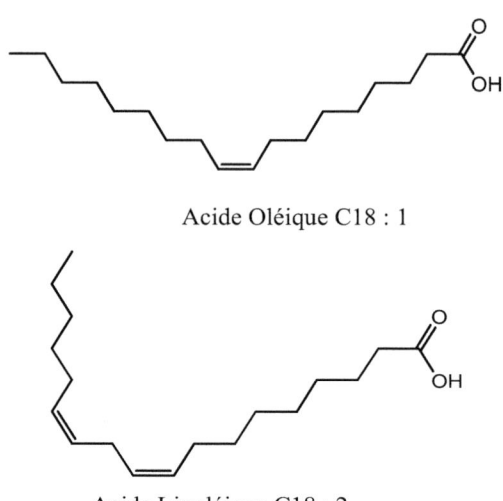

Figure.1 : *Acides gras majoritaires de l'huile d'argane.*

## 2. TRIGLYCERIDES

Les triglycérides sont composés de trois molécules d'acides gras estérifiant à une molécule de glycérol. Les triglycérides constituent la majeure partie des lipides alimentaires et des lipides de l'organisme stockés dans le tissu adipeux. On les trouve également dans le sang, où ils sont associés à des protéines spécifiques

La fraction triglycérique de l'huile d'argane a été isolée et analysée [8]. Sa composition en acide gras est peu différente de celle de l'huile totale. L'analyse par HPLC a permis la séparation et l'identification des triglycérides individuels [8 ; 9]. On note la prédominance des triglycérides O,O,O - L,L,O - P,O,L - O,O,L - P,O,O (tableau 3).

L'analyse stéréospécifique [10] réalisée par application de la méthode de Brockerhoff (1965) montre que les acides gras saturés estérifient majoritairement les positions externes. L'acide linoléique occupe en majorité la position Sn-2, ce qui très important sur le plan nutritionnel, alors que l'acide oléique se distribue plus équitablement entre les trois positions. Les résultats de cette analyse sont groupés dans le tableau 3 :

Tableau 3 : Triglycérides de l'huile d'argane

|     | Huile artisanale [9] | Huile de presse [5] |
|-----|----------------------|---------------------|
| LLL | 6.6                  | 8.2                 |
| LLO | 14.2                 | 17.0                |
| PLL | 5.1                  | 6.4                 |
| OLO | 16.7                 | 18.9                |
| SLL | -                    | 2.6                 |
| PLO | 14.2                 | 12.9                |
| PLP | 7.6                  | 1.0                 |
| OOO | 14.7                 | 13.5                |
| SLO | -                    | 4.4                 |
| POO | 15.7                 | 10.5                |
| PLS | -                    | 0.6                 |
| POP | 3.3                  | 1.1                 |
| SOO | 5.1                  | 2.6                 |
| POS | 2.9                  | 0.5                 |

## B. INSAPONIFIABLE

Malgré sa faible teneur ($\leq$ 1.1 %) dans l'huile d'argane, l'insaponifiable est constitue des composés « nobles » dont la composition varie entre 6,5 et 37,5, les tocophérols représente 7.5 % de l'insaponifiable, ils jouent un rôle dans la stabilité de l'huile en cours de stockage ou de traitements culinaires ; il contient aussi des hydrocarbures et des carotènes 37.5 %, des alcools triterpéniques 20 %, des méthyl-stérols et stérols 20 % et des xantophylles 6.5 % [6].

La recherche de la provitamine A sous forme de trans β carotène dans l'huile d'argane s'est avérée négative [11].

## 1. TOCOPHEROLS

On distingue plusieurs tocophérols :

- alpha-tocophérol : le plus fréquent, le plus réactif biologiquement
- bêta-tocophérol
- gamma-tocophérol
- delta-tocophérol

Tous les tocophérols se présentent, à la température ambiante, sous la forme d'une huile visqueuse de coloration jaune pâle.

Les tocophérols sont insolubles dans l'eau, très solubles dans les graisses, les huiles et les solvants organiques (éther, acétone, chloroforme, méthanol, ...). Ils sont peu sensibles à la chaleur, à la lumière et aux acides ; ils sont très sensibles à l'oxydation et aux bases et antioxydants ; ils contribuent à neutraliser les radicaux libres qui peuvent s'accumuler dans les tissus gras de l'organisme.

L'huile d'argane contient 600 à 900 mg/kg de tocophérols totaux [4]. Cette valeur, comparée à la teneur en tocophérols de quelques huiles végétales comme l'huile d'olive (300 mg/kg), de pépins de raisin (700 mg/kg) ou de maïs (900 mg/kg), montre que l'huile d'argane est riche en tocophérols. Le γ-tocophérol, à l'activité antioxydant élevée *in vitro* et se classant juste après celle de la δ-tocophérol [12].

Le γ-tocophérol représente 81,0 à 92,0 % des tocophérols totaux. Les α,β et δ représentent respectivement : 2,4 à 6,5 % ; 0,1 à 0,3 % et 6,2 à 12,8 % des tocophérols totaux [4], L' α-tocophérol possède un pouvoir vitaminique (vitamine E).

La richesse de l'huile d'argane en tocophérols, notamment en γ -tocophérol, conjuguée à sa faible teneur en acide linolénique très sensible à l'oxydation, lui confère une grande stabilité pendant la conservation.

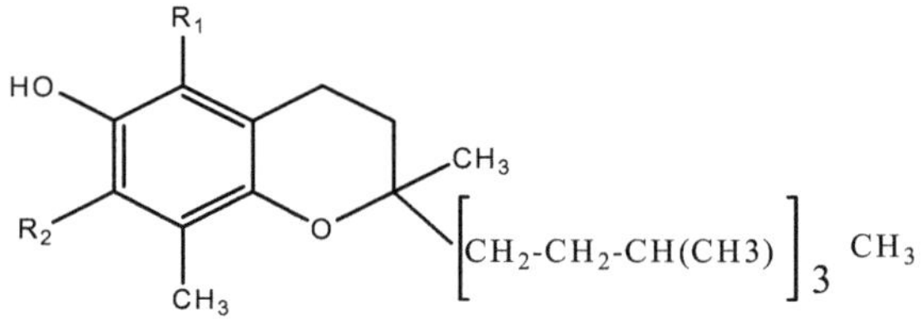

alpha   $R_1 = R_2 = CH_3$
gamma   $R_1 = H, R_2 = CH_3$
delta   $R_1 = R_2 = H$

*Figure.2 : Structure des tocophérols de l'huile d'argane*

## 2. Stérols

Les stérols, ou les alcools stéroïdes sont un sous-groupe de stéroïdes avec un groupe d'hydroxyle en position 3 du cycle A. Ce sont des molécules amphipathiques synthétisés de l'acétyle-coenzyme A. Le groupe d'hydroxyle sur le cycle A apporte la polarité. Le reste de la molécule est non polaire.

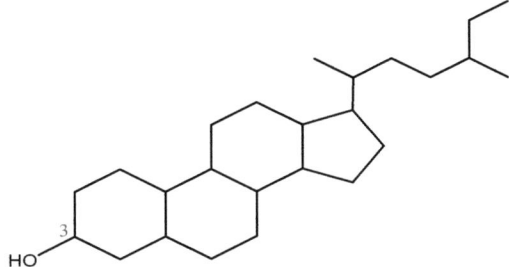

*Figure.3 : Composition chimique du stérol*

Les stérols des plantes s'appellent les phytostérols et les stérols des animaux s'appellent les zoostérols. Les zoostérols les plus importants sont : le cholestérol et quelques hormones stéroïdes ; les phytostérols les plus importants sont campestérol, sitostérol, et stigmastérol.

L'huile d'argane peut contenir jusqu'à 220 mg de stérols totaux (de type Δ7 stérols) pour 100 g d'huile [4]. Contrairement à la plupart des autres huiles végétales, l'huile d'argane ne contient pas de Δ5 stérols ; la composition stérolique (en % des stérols totaux) de l'huile d'argane, établie par utilisation conjointe de la spectrométrie de masse et de la résonance magnétique nucléaire, est la suivante : [13].

- Schotténol 44,0 - 49,0 %
- Spinastérol 34,0 - 44,0 %
- Delta-7-avenastérol 4,0 - 7,0 %
- Stigmasta-8-22-diène-3b-ol 3,2 - 5,7 %
- Campestérol ≥ 0,4 %

La détermination de la composition en stérols a encouragé Hilali et al [14] à prendre le pourcentage de campestérol comme marqueur d'adultération. Ce dernier ne dépasse pas 0,4% dans l'huile d'argane pure. Le résultat de la composition stérolique montre que le seuil de détection des huiles alimentaires ayant un pourcentage plus que 10 % de campestérol telles que : huiles de soja, colza, tournesol, sésame et arachide dans l'huile d'argane est de 1 %, par contre les huiles ayant un pourcentage de campestérol inférieur à 10% ont un seuil de détection d'adultération de 2% pour l'huile d'abricot, et 5 % dans le cas de l'huile d'olive et noisette.

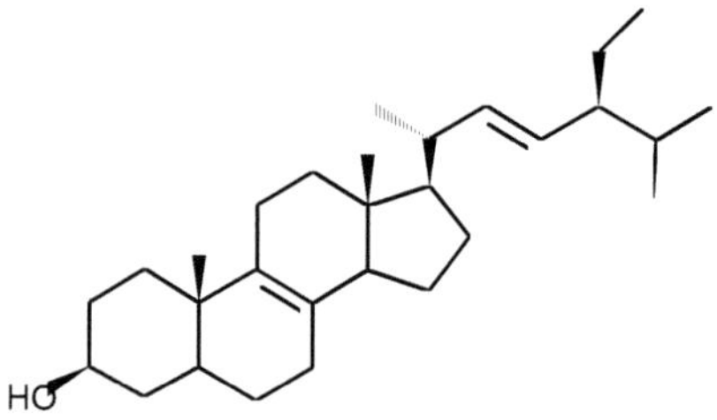

**Stigmasta-8,22-dién-3β-ol (22 E, 24 S)**

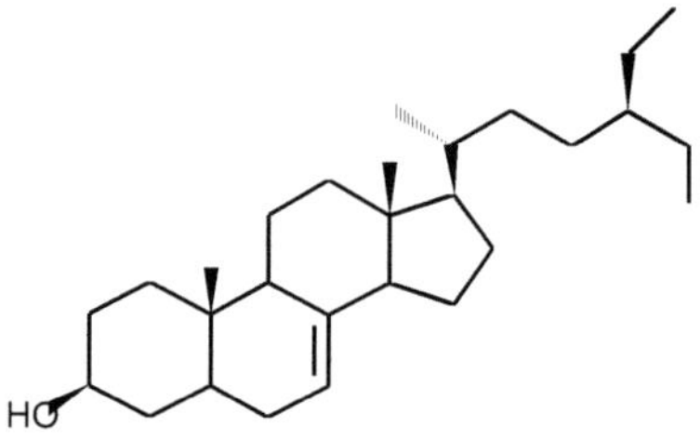

**Schotténol**

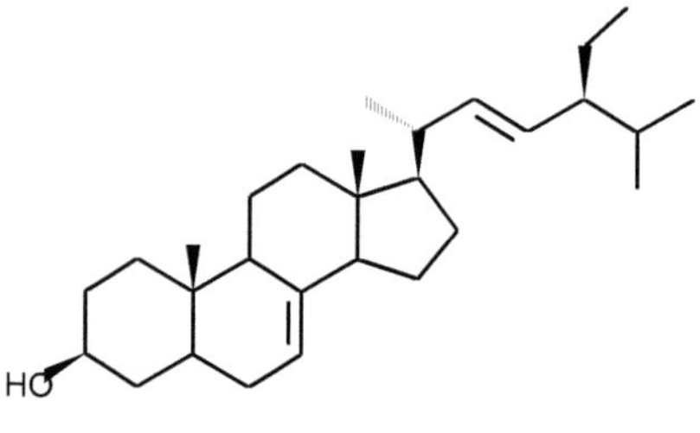

**Spinastérol**

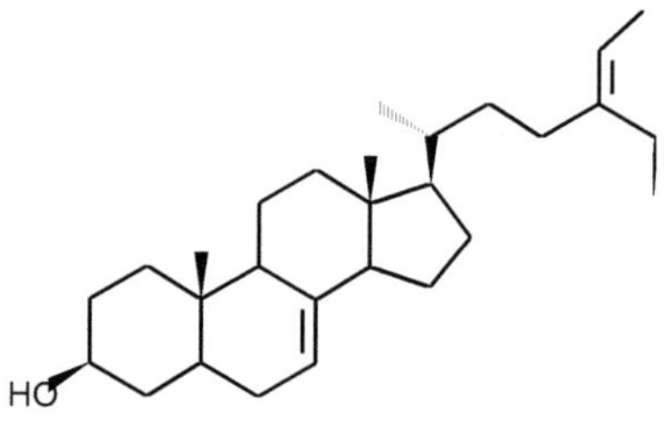

**Stigmasta-7,24(28)-dién-3 β -ol**

*Figure.4 : Stérols de l'huile d'argane.*

## 3. ALCOOLS TRITERPÉNIQUES ET MÉTHYLSTÉROLS

Ces composés ont été isolés par HPLC semi-préparative et leur structure, déterminée par RMN 1H et spectroscopie de masse [13]. Cinq alcools triterpéniques ont été identifiés : le lupéol (7,1 %), le butyrospermol (18,1 %), le tirucallol (27,9 %), le β-amyrine (27,3 %) et le 24-méthylène cycloartanol (4,5 %), ainsi que deux méthylstérols : le 4-α-méthylstigmasta- 7,24-28-diène-3β-ol ou citrostadiénol (3,9 %) et le cycloeucalénol (< 5 %).

Selon Patocka et al [15] et Geetha et al [16] le lupéol est doté de propriétés anti-inflammatoires. Le mécanisme d'action de ce triterpène est différent de celui des anti-inflammatoires non stéroïdiens et reste encore non élucidé pour le moment [17].

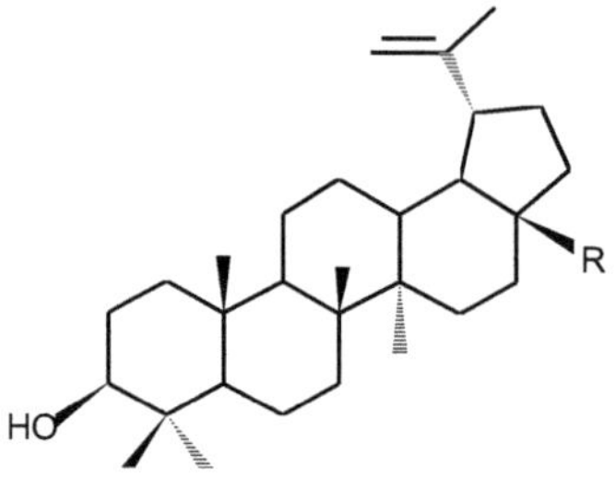

R = CH₃ : Lupéol

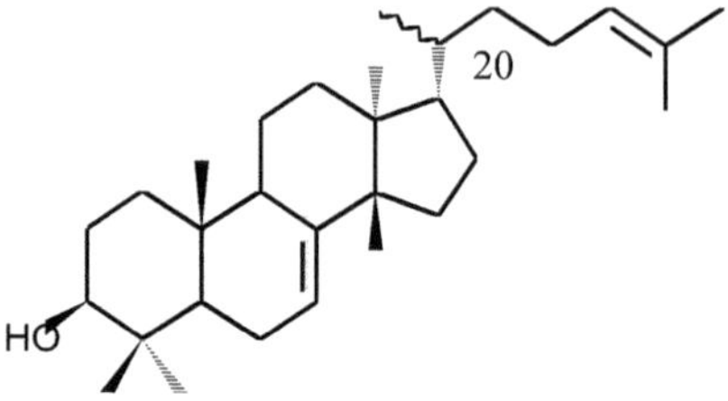

Butyrospermol 20 R
Tirucallol 20 S

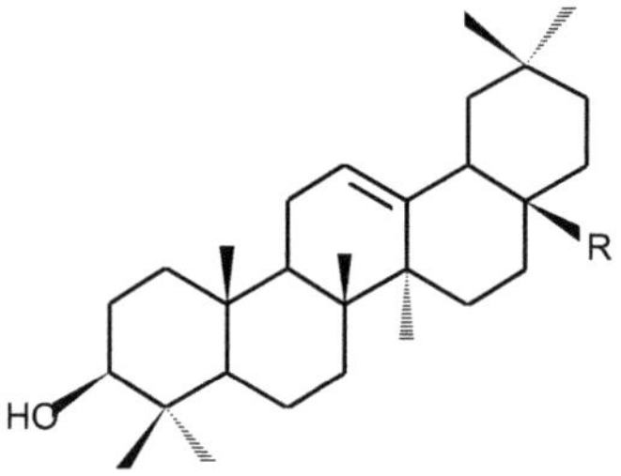

R = CH₃ : β-Amyrine

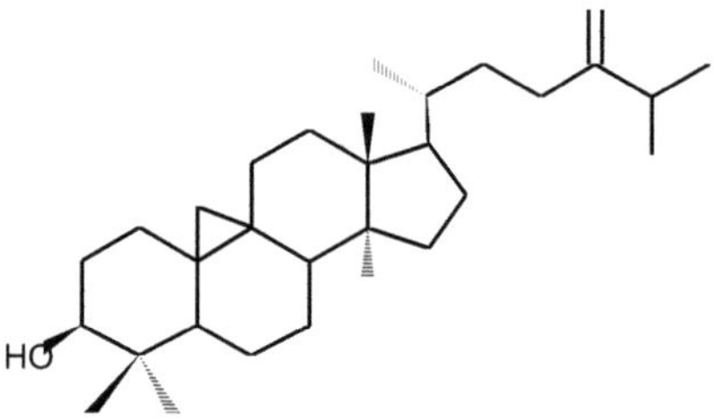

24-méthylène cycloartanol

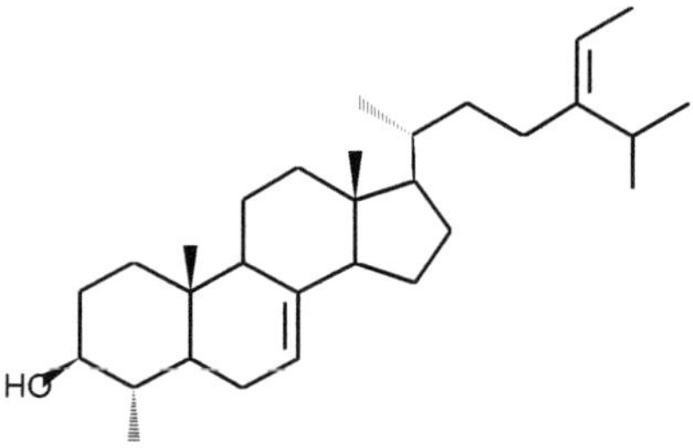

Citrostadiénol

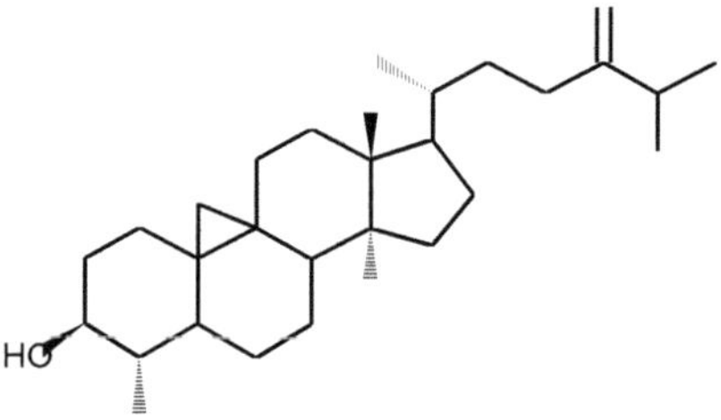

Cycloeucalénol

***Figure.5 : Triterpènes et méthylstérols de l'huile d'argane.***

## 4. PIGMENTS CAROTÉNOÏDES

Les caroténoïdes sont des tétraterpènes (C40), formés de deux moitiés diterpènes, dont les différentes structures sont classées en :
- Carotènes : dérivés résultant de saturations, déshydrogénation, cyclisations.
- Xanthophylles : dérivés oxydés.

- Carotènes ;

Le lycopène est une forme acyclique notée Ψ, Ψ carotène qui a 13 doubles liaisons dont 11 sont conjuguées. Il colore la tomate, l'abricot, le paprika.

- Les xanthophylles ;

Ils forment une famille de chromophores des plantes, pigments annexes des chlorophylles dans la photosynthèse, par exemple la lutéine (β, ε-carotène-3, 3'-diol).

Ils entrent dans la composition des lipides membranaires de certaines archéobactéries.

L'huile d'argane doit sa coloration rougeâtre à sa teneur élevée en pigments caroténoïdes, représentés essentiellement par les xanthophylles (500 mg/kg) [18]. L'huile d'argane est pauvre en provitamine A ; sa teneur en tout trans-β-carotène est négligeable [18 ; 11].

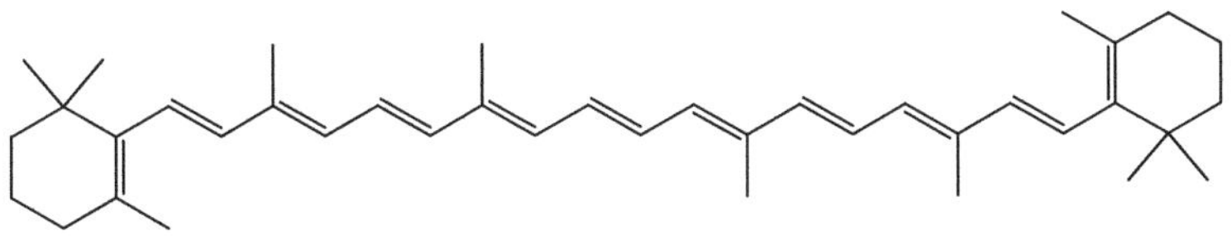

**Figure.6 :** *Composition chimique de β-carotène*

## 5. LES POLYPHENOLS :

Les polyphénols constituent une famille de molécules organiques largement présentes dans le règne végétal. Ils sont caractérisés, par la présence de plusieurs groupements phénoliques associés en structures plus ou moins complexes généralement de haut poids moléculaire. Ces composés sont les produits du métabolisme secondaire des plantes.

Les polyphénols prennent une importance croissante, notamment à cause de leurs effets bénéfiques sur la santé [19]. En effet, leur rôle d'antioxydants naturels suscite de plus en plus d'intérêt pour la prévention et le traitement du cancer [20], des maladies inflammatoires [21], cardiovasculaires [22] et neurodégénératives [23]. Ils sont également utilisés comme additifs pour l'industrie agroalimentaire, pharmaceutique et cosmétique [24].

La teneur phénolique globale de l'huile d'argane a été évaluée en utilisant la méthode colorimétrique de Folin-Ciocalteu et la composition phénolique de l'huile d'argane a été analysée par GC-MS après extraction avec 80:20 (v/v) méthanol:eau et silylation. L'identification des pics chromatographiques a été faite par la détection sélective de masse. Treize phénols simples ont été détectés : six dans l'huile alimentaire, et sept dans l'huile cosmétique [25],
La teneur des composés phénoliques totaux dans l'huile d'argane :
    HPT: 13,2 mg/kg
    HPNT: 3,1 mg/kg
Les composés phénoliques de l'huile d'argane sont regroupés dans le tableau 4 :

Tableau 4 : Composé phénolique de l'huile d'argane

| Composé phénolique | HPNT | HPT |
|---|---|---|
| 3-hydroxypyridine (3-pyridinol) | - | 0.9 |
| 6-methyl-3-hydroxypyridine | - | 0.8 |
| catéchol | <0.1 | 0.3 |
| résorcinol | - | <0.1 |
| 4-hydroxy benzyl alcohol | - | <0.1 |
| tyrosol | <0.1 | 0.1 |
| epicatechin | 0.2 | - |
| catechin | 0.1 | - |

## 1.2 L'INTERET DE L'HUILE D'ARGANE

### 1.2.1 L'HUILE COSMETIQUE

L'huile d'argane destinée à la cosmétologie est préparée à partir des amandons non torréfiés. L'activité cosmétologique de l'huile d'argane est probablement liée à sa forte teneur en acides gras insaturés et en agents anti-oxydants, ces derniers sont connus pour s'opposer à l'activité des radicaux libres dont l'effet est néfaste pour la peau. L'application régulière sur la peau d'huile d'argane de qualité cosmétologique est conseillée pour le traitement des gerçures, des peaux sèches ou déshydratées et de l'acné. A long terme, l'application d'huile d'argane conduit à une réduction de la vitesse d'apparition des rides et à la disparition des cicatrices provoquées par la rougeole ou la varicelle. L'application d'huile d'argane est aussi préconisée pour le traitement des brûlures superficielles. Des massages à l'huile d'argane au niveau des articulations permettent aussi une réduction des douleurs rhumatismales. Finalement, appliquée sur la chevelure, l'huile d'argane permet de redonner aux cheveux éclat et brillance [26].

### 1.2.2 L'HUILE ALIMENTAIRE:

L'intérêt alimentaire de l'huile d'argane repose en partie sur sa très forte teneur en acides gras insaturés dont l'impact positif sur la santé humaine est bien connu. Les acides gras rencontrés dans l'huile d'argane appartiennent à la série dite des "oméga-6", dont la distribution, comparée aux "oméga-3", est primordiale pour de nombreux processus physiologiques. La consommation régulière d'huile d'argan constitue donc une source privilégiée en acides gras essentiels (acide linoléique en particulier) et produit des effets particulièrement bénéfiques au niveau cardiovasculaire en diminuant le taux de cholestérol circulant. La consommation d'huile d'argane prévient donc l'athérosclérose. En plus des bénéfices observés dans le domaine cosmétologique, la forte teneur en agents anti-oxydants (tocophérols, polyphénols) et phytostérols de l'huile d'argane alimentaire est aussi une source de bienfaits. La faible teneur observée pour certains de ces composés explique que l'implication de chacune de ces familles dans l'amélioration de l'état de santé général des consommateurs soit encore à l'étude. Cependant, l'idée de leur participation générale est largement acceptée. C'est la raison pour laquelle l'huile d'argane est fréquemment classée parmi les nutraceutiques (ou aliments fonctionnels), familles de composés alimentaires dont la consommation régulière procure une amélioration générale de l'état de santé des consommateurs [26].

## 2. LA PULPE :

La pulpe est la partie extérieure du fruit de l'arganier, elle constitue un excellent aliment pour le cheptel vivant dans l'arganeraie. Le tableau 5 résume les données de la littérature concernant la composition chimique de la pulpe.

### 2.1 COMPOSITION CHIMIQUE DE LA PULPE :

**Tableau 5 : La composition chimique de la pulpe.**

| Désignation | Fellat–ZarrouK [27] | Sandret [28] | Dupin [29] |
|---|---|---|---|
| Humidité | 20-50 | 20-21 | 21-23 |
| Cendres | 4,1 | 0,2 | 4,6 |
| Celluloses | 12,9 | 5,7 | 5,9 |
| Composes azotés | 5,9 | 7,7 | 6,6 |
| Extrait lipidique | 6,0 | - | 5,0 |
| Glucide réducteur | 15,7 | 25-28 | 12,0 |
| Glucide saccharifiables | 2,8 | - | 11,5 |

Une analyse récente effectuée au sein de notre laboratoire sur la pulpe, nous a permis d'identifier 86,3% de la matière sèche, cette dernière est constitué de 92,7% de la matière organique dont le pourcentage de fibres ADF est 34,5%, le protéine brute ne présente que 8,7% alors que l'extrait éthéré présente 6,6% et l'extractif non azoté présente 42,9%.

Les éléments minéraux contenus dans la matière sèche présente un pourcentage élevé en potassium (23,2 g/kg), suivi par le calcium avec 4,8 g/kg, et un taux de magnésium et de sodium 0,7 et 2,4 g/kg respectivement. Cependant le Fer, le Manganèse, le Zinc et le Cuivre présentent 111,2 ; 7 ; 7,5 et 2,3 mg /kg MS respectivement.

La Valeur alimentaire de la pulpe est 0,90 unité fourragère.

L'extrait lipidique de la pulpe est constitué de glycérides 33,3 %, d'un insaponifiable 3,3 % et d'un latex (caoutchouc et percha) 63,4% et [27].

**A. ACIDES GRAS :**

La composition en acides gras de l'extrait lipidique de la pulpe est résumée dans le tableau 6. La différence entre les valeurs citées dans la littérature pourrait être due à la grande variabilité génétique de l'arganier ainsi qu'aux méthodes d'analyse.

**Tableau 6 : Composition en acide gras de l'extrait lipidique de la pulpe.**

| Acides gras | Fellat-Zarrouck [27] |
|---|---|
| Myristique C14 : 0 | 4,3 |
| Pentade canoïque C15 : 0 | 0,8 |
| Palmitique C16 : 0 | 18,4 |
| Heptadécanoique C17 : 0 | 0,5 |
| Palmitoléique C16 : 1 | 1,3 |
| Stéarique C18 : 0 | 6,3 |
| Oléique C18 : 1 | 42 |
| Linoléique C18 : 2 | 18,8 |
| Linolénique C18 : 3 | 4,6 |
| Monadécénoique C19 : 1 | 0,5 |
| Arachidique C20 : 0 | 1 |
| Gadoléique C20 : 1 | 1 |

**B. INSAPONIFIABLE**

L'insaponifiable représente (3,3 %). Il est constitué de triterpènes et de stérols (figure 7). L'érythtodiol est le triterpène majoritaire, il représente 24% de l'insaponifiable [30]. Les autres triterpènes sont : le lupéol, l'α- et la β-amyrine [31 ; 32]. D'autres triterpènes minoritaires ont été mis en évidence dans l'insaponifiable de la pulpe, il s'agit du Taraxastérol et Ψ-Taraxastérol, bétulinaldéhyde et bétuline [31]. Les stérols identifiés sont le schotténol et le spinastérol, leur teneur dans l'insaponifiable est inférieure à 0,4% [31].

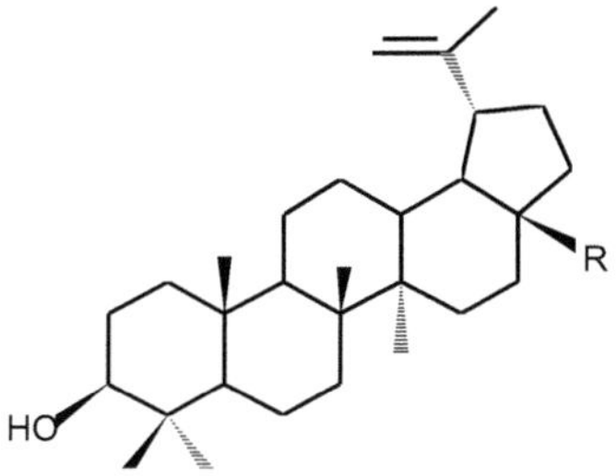

R = CH3 : Lupéol

R = CHO : Bétulinaldéhyde

R = CH2OH : Bétuline

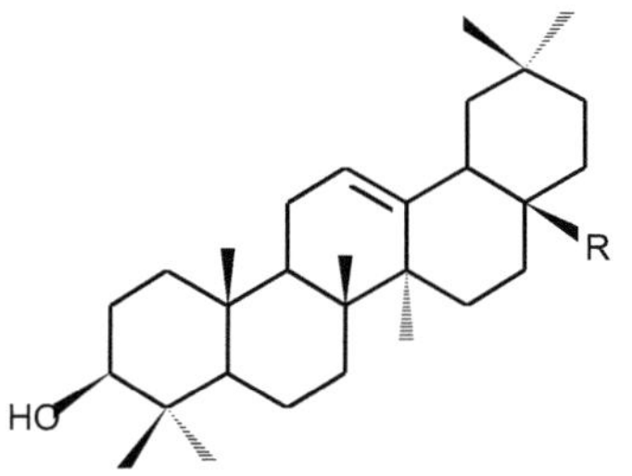

R = CH3 :   β-Amyrine

R = CH2OH : Erythrodiol

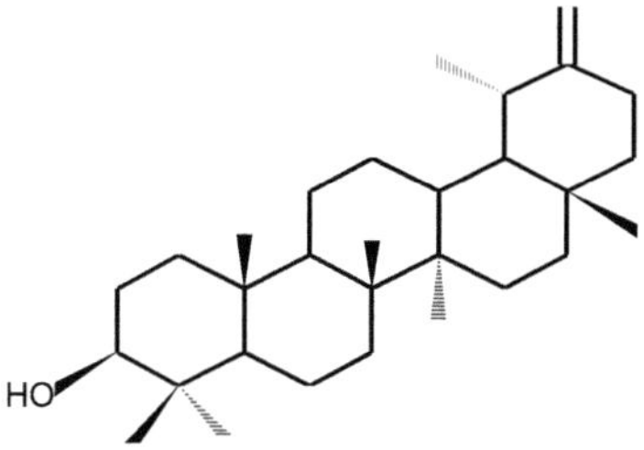

Taraxastérol

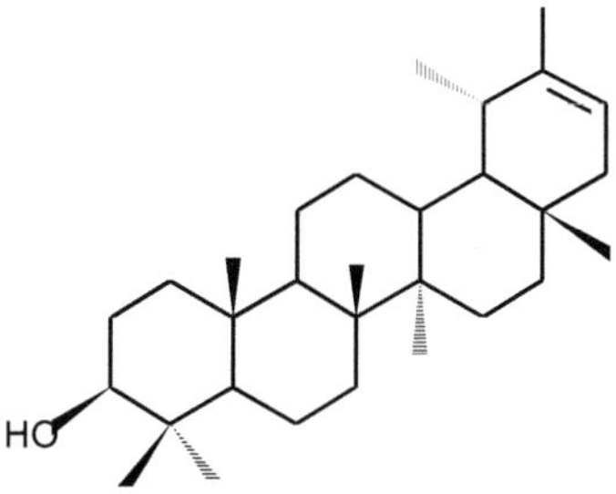

ΨTaraxastérol

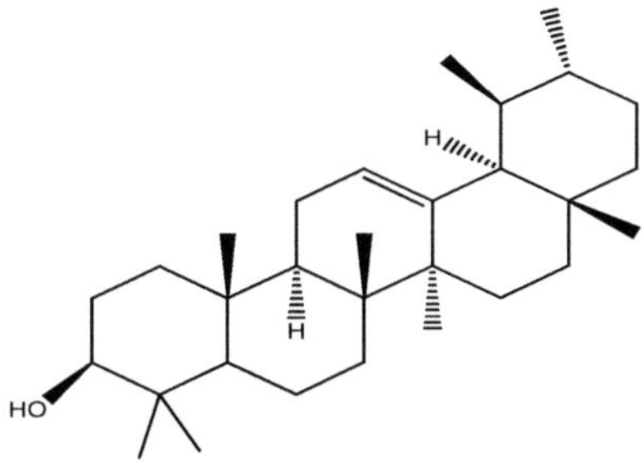

α-amyrine

*Figure.7 : Triterpènes et méthylstérols de la pulpe*

Des dérivés phénoliques ont également été isolés de la pulpe du fruit : la (+)-catéchine, la (-)-épicatéchine, la rutine et l'acide p-hydroxybenzoïque [33, 34]. En plus de ces derniers, Charrouf et al [35] ont pu identifier 14 autres dérivés phénoliques, mais l'acide p-hydroxybenzoïque n'a pas été identifié. Ces composés sont listés dans ce tableau ;

**Tableau 7 : Les dérivés phénoliques isolés de la pulpe;**

| | |
|---|---|
| Simples dérivés de l'acide phénolique | - acide gallique <br> - Acide protocatechuique |
| Flavonoid O-rhamnoglucosides | - Quercetine-3-O-rutinoside (rutin) <br> - Rhamnetine-O-rutinoside <br> - Apigenine-7-O-rutinoside (isorhoifolin) <br> - Hesperetine-7-O-rutinoside (hesperidin) |
| Flavonoid glycosides | - Quercetine-3-O-galactoside(hyperoside) - Quercetine-3-O-glucoside (isoquercetine) <br> - Naringenine-7-O-glucoside <br> - Quercetine-3-O-arabinose,11 |
| Autres composés phénoliques | - Catechine <br> - Epicatechine <br> - Procyanidine <br> - Quercetine <br> - Luteoline <br> - Naringenine <br> - Procyanidine |

La teneur en flavonoïdes de la pulpe de fruits varie selon le degré de leur maturité ainsi que selon des critères plus complexes, génotypiques semble-t-il, dont l'impact se refléterait également dans la forme du fruit [34].

Les substances volatiles de la pulpe des fruits de l'arganier ont été analysées [36]. Dans cette fraction de la plante, le résorcinol a été identifié comme étant le composé majoritaire (73,5 %).

La pulpe des fruits de l'arganier est pauvre en saponines, dont la concentration n'est que de 0,02 %. Une seule saponine, de nature bidesmosidique et nommée arganine K, a été isolée de la pulpe des fruits de l'arganier [37]. Sa génine est l'acide 16α-hydroxyprotobassique déjà rencontré dans les saponines du tourteau.

La fraction glycosidique de cette saponine est constituée d'un enchaînement glucose3-1glucose éthérifiant la position 3 de la génine et du tétrasaccharidearabinose2-1rhamnose4-1xylose3-1rhamnose estérifiant la position 28 de l'acide 16α-hydroxyprotobassique.

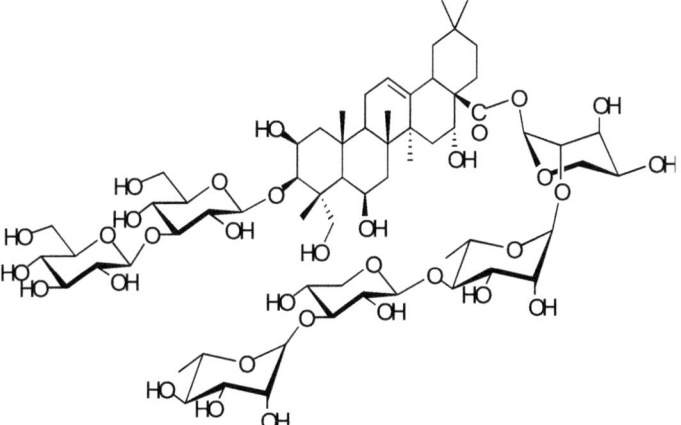

*Figure.8 : Arganine K isolée de la pulpe des fruits de l'arganier*

## C. LE LATEX

Il est constitué du polyisoprène à 86% de forme cis (caoutchouc) et 14% de forme trans (gutta percha). [27 ; 38].

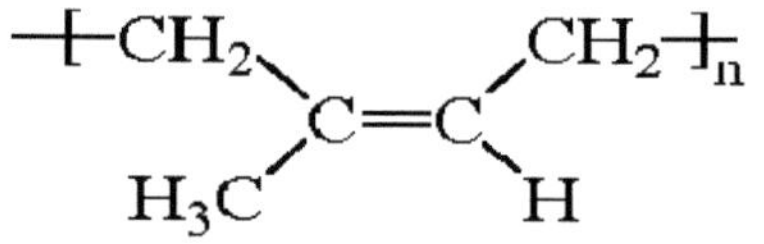

$$\left[ \begin{array}{c} CH_2 \\ \diagdown \\ H_3C \end{array} C=C \begin{array}{c} CH_2 \\ \diagup \\ H \end{array} \right]_n$$

*Figure.9 : Structure chimique du polyisoprène*

## 3. LA COQUE

La coque est la partie la plus dure du fruit de l'arganier. Il est très difficile de l'enlever pour extraire l'amandon. La coque protège l'amandon de tout facteur extérieur : humidité, chaleur et même de l'estomac des chèvres.

Deux études traitent de la composition chimique de la coque. La 1$^{ere}$ a été réalisée par Tahrouch sur les substances volatiles et la deuxième par Alaoui sur les saponines de la coque.

Les substances volatiles de la coque des fruits de l'arganier ont été analysées [36]. Dans cette fraction de la plante, le résorcinol a été identifié comme étant le composé majoritaire (73,5 %).

Le 14-méthylidène-2,6,10-triméthylhexadécène, composé majoritaire des substances volatiles des feuilles, n'a été détecté que dans la coque des fruits et comme composé minoritaire.

La teneur en saponines de la coque du fruit de l'arganier est d'environ 1 %, teneur assez proche de celle observée dans le tourteau. Quatre saponines pures ont été isolées [39]. Trois des quatre saponines de la coque du fruit de l'arganier, ont l'acide protobassique comme génine, la génine de la quatrième étant l'acide 16α-protobassique.

## 4. LE TOURTEAU

Le tourteau est le nom donné au résidu obtenu après pressage des amandons. Lors de la préparation traditionnelle de l'huile, le tourteau est de couleur brune et sa haute valeur énergétique fait qu'il est utilisé traditionnellement pour nourrir les bovins [33]. Lorsque l'huile est obtenue par pressage mécanique des amandons, le tourteau est de couleur blanchâtre, friable et très amer. Sa teneur résiduelle en huile est nettement inférieure à celle du tourteau obtenu par préparation traditionnelle de l'huile. Il est riche en glucides et protéines et renferme un important groupe pharmacodynamique constitué de saponines. [31 ; 38 ; 39].

### 4.1 Composition Chimique :

La composition chimique du tourteau décrite par Battino en 1929 [38] est la suivante :

| | | | |
|---|---|---|---|
| Humidité | 26,3 % | Cendres | 3,6 % |
| Matières Azotées | 24,6 % | Lipides | 18,8 % |
| Cellulose | 17,6 % | Autres glucides | 9,0 % |

Une analyse récente effectuée au sein de notre laboratoire sur le tourteau, nous a permis d'identifier 91.4 % de la matière sèche, cette dernière est constitué de 94,7 % de la matière organique dont le pourcentage de fibres ADF est 20,7 %, le protéine brute présente 48,4 % alors que l'extrait éthéré présente 6,9 % et l'extractif non azoté présente 18,7 % :

Les éléments minéraux contenus dans la matière sèche présente un pourcentage élevé en potassium (10,4 g/kg), suivi par le calcium avec 6,9g/kg, et un taux de magnésium et de sodium 0,7 et 2,4 g/kg respectivement. Cependant le Fer, le Manganèse, le Zinc et le Cuivre présentent 120,4 ; 59,7; 71,7 ; 7,5 et 2,3 mg /kg MS respectivement.

La Valeur alimentaire de la pulpe est 120,4 unités fourragères.

### A. Les dérivés phénoliques :

Le tourteau contient aussi des dérivés phénoliques. Rojas et al [25] ont pu isoler 16 dérivés phénoliques du tourteau après hydrolyse.

Le composé majoritaire est l'epicatechin ; on les a regroupés dans le tableau 8.

**Tableau 8 : Les dérivés phénoliques isolés du tourteau**

| Composés phénolique | Concentration (mg/kg) |
|---|---|
| Catéchol | 1.4 |
| Résorcinol | 1.3 |
| Alcool 4-hydroxy benzylique | 8.6 |
| Vanilline | 1.1 |
| Tyrosol | 6.2 |
| Acide p-hydroxybenzoique | 14.1 |
| Acide (4-hydroxyphenyl) acétique | 1.0 |
| Alcool vanillylique | 3.6 |
| Alcool 3,4-dihydroxy benzylique | 0.9 |
| 3,4-dihydroxybenzoate de methyl | 1.6 |
| Acide vanillique | 16.3 |
| Hydroxytyrosol | 0.9 |
| Acide protocatechuique | 15.2 |
| Acide syringique | 6.6 |
| Epicatéchine | 110.1 |
| Catéchine | 11.0 |

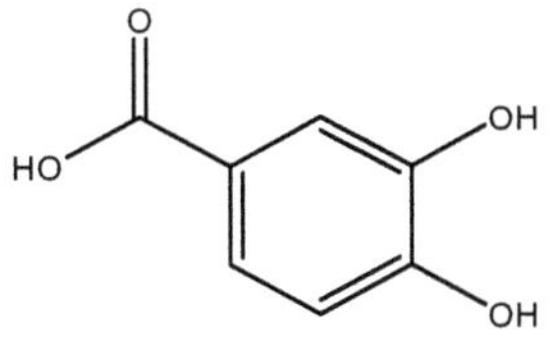

Acide protocatechuique

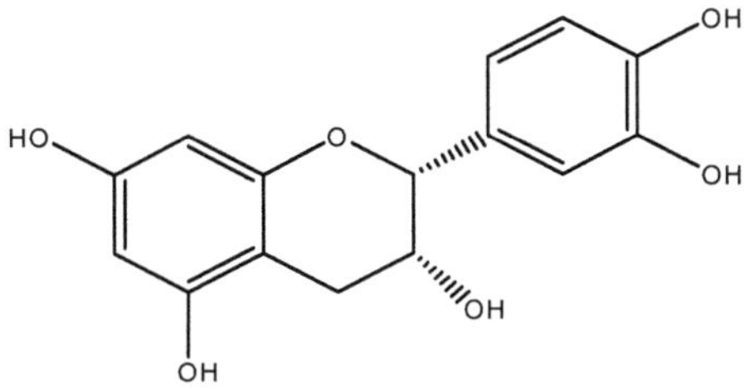

Epicatéchine

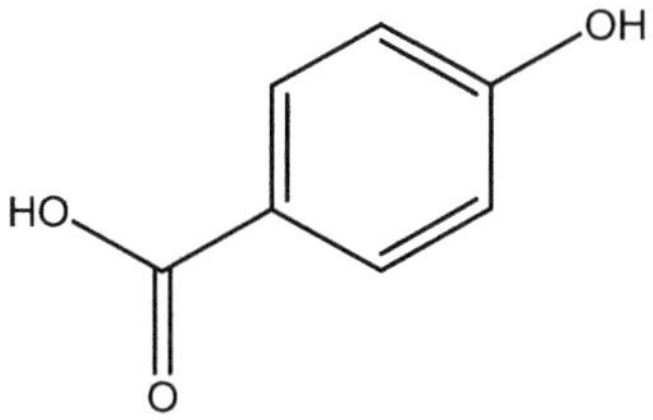

Acide p-hydroxybenzoique

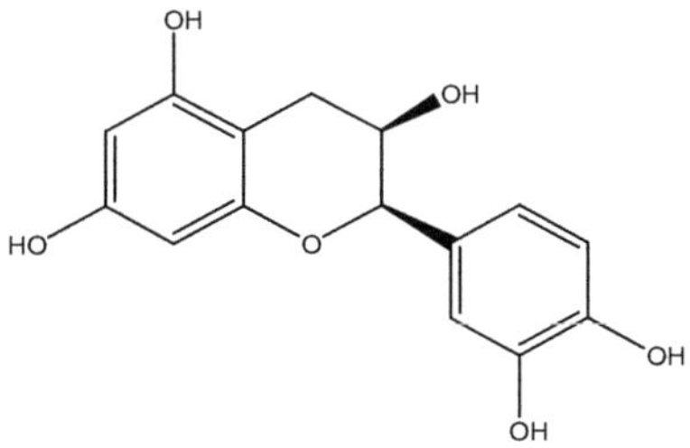

Catéchine

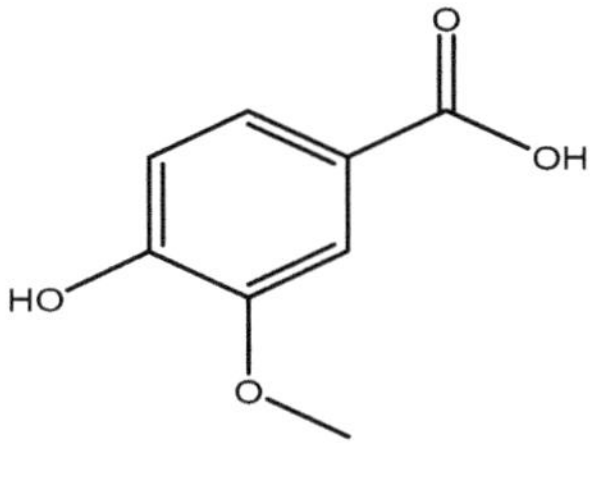

Acide vanillique

**Figure.10 : Dérivés phénoliques isolés du tourteau**

## B. LES SAPONINES

Le tourteau est riche en saccharose et saponosides. La concentration du tourteau en saponines est d'environ 0,5 %. Sept saponines ont été isolées du tourteau de l'arganier. Les génines des sept saponines isolées du tourteau de l'arganier sont toutes de type triterpénique Δ12-oléanane. Dans chaque cas, un acide carboxylique est rencontré en position 28 et toutes les génines sont polyhydroxylées.

Les sept saponines isolées du tourteau sont toutes des bidemosides, les chaînes de sucres substituant les positions 3 et 28. La fraction glycosidique des saponines du tourteau est constituée d'une combinaison de cinq sucres : deux hexoses (le glucose et le rhamnose) et trois pentoses (l'arabinose, la xylose et l'apiose). [40]

Les saponines nouvelles ont été nommées « arganine» A-F

**Tableau 9 : Saponines du tourteau de l'arganier**

| NOM | R1 | R2 | R3 |
|---|---|---|---|
| ARGANINE A | Glc | OH | Rhm |
| ARGANINE B | Glc | OH | Api |
| ARGANINE C | H | OH | Rhm |
| ARGANINE D | Glc | H | Rhm |
| ARGANINE E | Glc | H | Api |
| MI-SAPONIN A | H | H | Rhm |
| ARGANINE F | H | H | Api |

Glc : β-D- Glypyranose, Api : β-D-Apiofuranose,

Rhm : α-L-Rhamnopiranose, Ara : α-L-Arabinopyranose,

Xyl : β-D-Xylopyranose

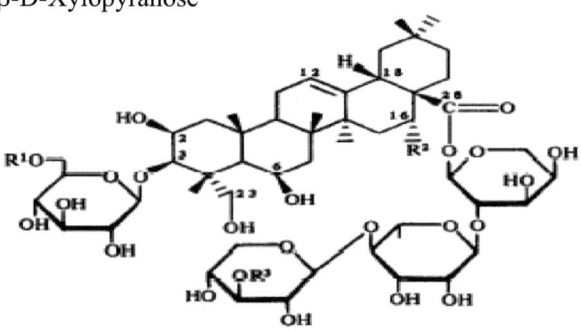

*Figure.11* : ARGANINE A - F

## 4.2. INTERET BIOLOGIQUE DU TOURTEAU.

L'activité mollusquicide et anti-fongique des saponines extraites du tourteau de l'arganier a été évaluée. Ainsi, la détermination de l'activité mollusquicide, vis à vis de Biomphalaria glabrata, du mélange des saponines du tourteau de l'arganier a été réalisée. Ceci a permis de démontrer une activité inhibitrice à une concentration de 400 µg/ml [13]. L'activité anti-fongique du même mélange de saponines a été évaluée contre *Cladosporium cucumerinum* et *Polysticus versicolor*. Une activité inhibitrice a été observée pour des concentrations de 12.5 et 50 µg/ml, respectivement [31].

L'activité anti-radicale libre des saponines du tourteau a été déterminée. Des tests utilisant des adipocytes humains ont également montré que, in vitro, les saponines du tourteau sont des activateurs de la lipolyse [41]. Les saponines du tourteau stimuleraient également la biosynthèse du glutathion produit par des cultures de fibroblastes humains [42]. Ces résultats suggèrent que des préparations obtenues à partir des saponines du tourteau de l'arganier pourraient, par exemple, facilement être incluses dans la formulation de crèmes amincissantes ou anti-rides.

Dans le domaine du traitement des affections cutanées, les saponines du tourteau auraient des propriétés protectrices de l'ADN contre les UV-B [41]. Elles possèdent aussi des propriétés anti-acnéiques [4 2]. Elles réduisent également la séborrhée et sont des inhibiteurs de la 5-alpha-réductase de la testostérone [42].

La possibilité de l'utilisation des saponines du tourteau en thérapeutique hormonale reste cependant encore à établir.

## 5. LES FEUILLES

### 5.1 COMPOSITION CHIMIQUE DES FEUILLES

Les feuilles servent de pâturage suspendu pour les caprins, l'extrait lipidique représente 4,4% des feuilles. La filière triterpènique de cet extrait a été étudiée par Chahboun [43]. Contrairement à l'amandon et la pulpe, l'extrait lipidique des feuilles renferme 27 % d'insaponifiable. Ce dernier renferme des stérols (5%), des méthylstérols (1%), des triterpènes monohydroxylés (32%) et dihydroxylés (22%) ainsi que des hydrocarbures et des tocophérols (16%). Les principaux composés isolés sont α–amyrine, β–amyrine, lupéol, ψ taraxastérol, érythrodiol, spinastérol et schotténol.

La myricétine et la quercétine, sont les flavonols majoritaires des feuilles de l'arganier [44]. À côté de ces deux composés, quatre de leurs dérivés glycosylés ont également été identifiés : la myricétine-3-O-galactoside, l'hyperoside (quercétine-3-O galactoside), la myricitrine (myricétine-3-O-rhamnoside) et la quercitrine (quercétine-3-O-rhamnoside) [36, 45].

Les feuilles de l'arganier renferment aussi des substances volatiles [36]. La concentration de ces dernières a été évaluée à 98 mg/g de feuilles sèches [36]. Parmi les 25 composés détectés, 19 ont pu être identifiés sans ambiguïté [33, 36]. Le composé majoritaire (51,2 %) est le 14-méthylidène-2,6,10-triméthylhexadecène.

Des huiles essentielles ont été extraites à partir des feuilles de l'arganier, leur teneur est entre 0,03-0,05 %, ces huiles essentielles sont constituées principalement du 1,10-di-épi-cubenol (20,50%), du viridiflorol (6 %) et du selina-3,7 (11)-diéne (5,10%) accompagnés d'autres composés inconnus [46].

### 5.2 ACTIVITE BIOLOGIQUE DES FEUILLES :

Il a été montré que l'extrait flavonoïdique total des feuilles de l'arganier possède une activité antimicrobienne [47]. Cette même fraction possède une activité antiradicalaire et antioxydante ainsi que des capacités de protection cellulaire contre les rayonnements UVA et UVB [47]. L'effet antioxydant a été confirmé par observation d'une réduction des effets du stress oxydatif produit sur des cellules de peau humaine irradiées aux UV A [47]. L'extrait des flavonoïdes de l'arganier pourrait donc être utilisé en cosmétologie comme protecteur de la peau. La confirmation de ces effets in *vivo* permettrait une forte valorisation des feuilles de l'arganier.

L'huile essentielle de la feuille de l'arganier possède aussi une activité antimicrobienne [46], cette activité peut conduire à l'utilisation de l'arganier en Phytothérapie

## 6. LE BOIS

Le bois de l'arganier est utilisé comme combustible, La production actuelle est de l'ordre de 80 tonnes/ha de matières vivantes, ce qui constitue l'équivalent de 50 tonnes / ha de matières sèches.

Le bois de l'arganier est particulièrement riche en saponines, celles-ci étant retrouvées à une concentration d'environ 6 %, soit une concentration douze fois supérieure à celle des saponines du tourteau.

Trois saponines bidesmosidiques différentes de celles isolées du tourteau ont été obtenues à partir du bois de l'arganier [33, 48]. Aucune de ces trois saponines n'avait été isolée antérieurement. Elles ont été nommées arganines G, H, J. Les arganines G et J sont les saponines majoritaires.

La génine des trois saponines du bois a été identifiée comme étant la bayogénine, un triterpène de la famille des $\Delta 12$-oléanane oxydé en position 2, 3 et 23 mais non hydroxylé en position 6 et en position 16.

Récemment EL Fakhar et al [49] ont pu isoler cinq nouvelles saponines à partir du bois de l'arganier, ce sont les arganines L, O, P, Q et R.

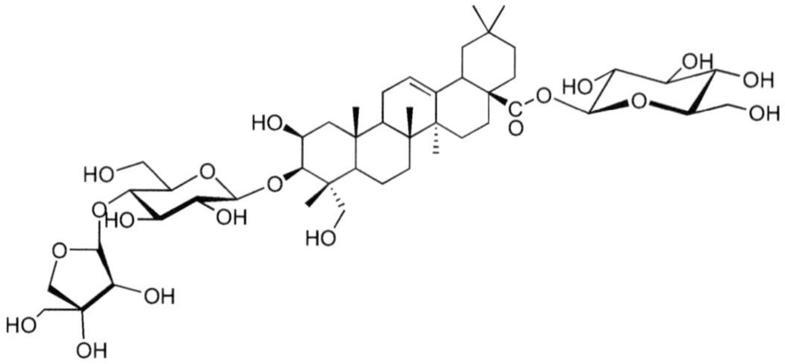

a : Arganine G

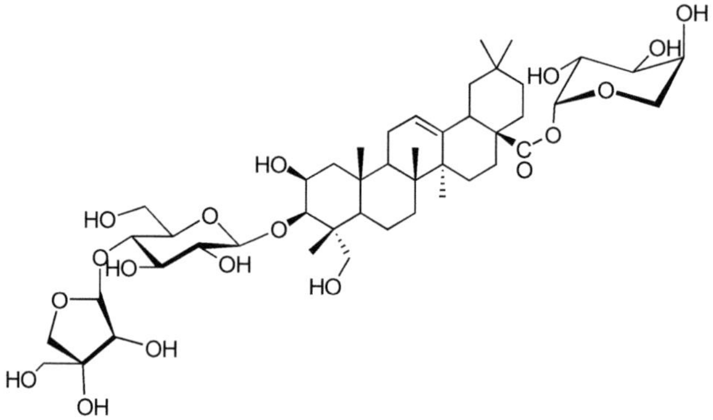

b : Arganine H

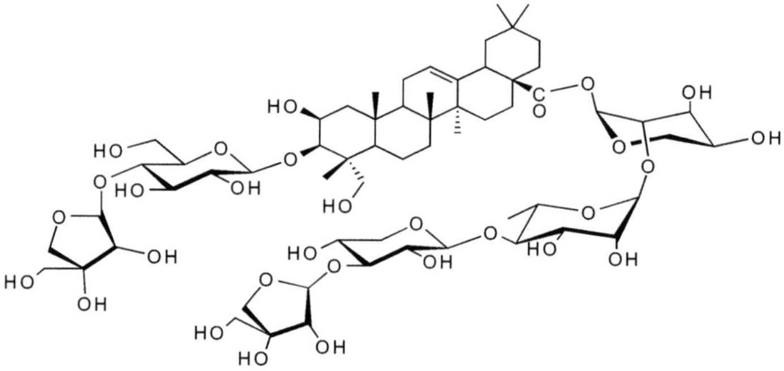

c : Arganine J

*Figure.12 : Arganine G, H et J*

**REFERENCE BIBLIOGRAPHIQUE :**

1. Alifriqui M. L'écosystème de l'arganier. Rabat (Maroc) : Programme des Nations unies pour le développement (*Pnud*), **2004**.

2. Boudy, les forets du Maroc, exposition coloniale internationale, **1931**, Paris G82, 14p.

3. Benzyane M. Le rôle socio-économique et environnemental de l'arganier. In : *Journées d'étude sur l'arganier*, juin **1988**. Essaouira 23-24.

4. Norme marocaine homologuée de corps gras d'origines animale et végétale, huiles d'argane N M 08.5.090. Ministère de l'Industrie, du Commerce, de l'Energie et des Mines **2002**.

5. Charrouf Z., El kabouss A., Nouaim R., BensoudaY. et Yamóogo R., *Al Biruniya, Revue marocaine de pharmacognosie*, **1997**, 13 ,35 –39.

6. Charrouf M. Contribution à l'étude chimique de l'huile *d'Argania spinosa* (L.) (Sapotaceae). *Thèse* Sciences Univ. De Perpignan.**1984**.

7. Berrada M. Etude de la composition de l'huile d'Argan, *Al Awania*, **1972**, 42, 1-14

8. Farines M., Soulier J., Charrouf M. et Soulier R., Etude de l'huile de graines d'«*Argania Spinosa*» (L.), sapotaceae. I: La fraction glycéridique . *Revue Française des Corps Gras,* **1984**, 31,283-286

9. . Hilali M, Charrouf Z , Soulhi A, Hachimi L et Guillaume D. Influence of Origin and Extraction Method on Argan Oil Physico-Chemical Characteristics and Composition. *J.Agric. Food Chem*. **2005**, 53, 2081-2087.

10.. Maurin R, Fellat-Zarrouck et. Ksir M. Positional analysis anation of tricyglycerol structure of *Argania spinosa* seed oil, *J. Am. Oil. Chem. Soc,* **1992**, 69: 141-145.

11. Collier A, Lemaire B. Carotenoids of argan oil. *Cah Nutr Diet* **1974**; 9: 300-1.

12. Cillard J, Cillard P. Behavior of alpha, gamma and delta tocopherols with linoleic acid in aqueous media. *J Am Oil Chem Soc* **1980**; 57: 39-42.

13. Farines M., Charrouf M.,Soulier J. The sterols of *Argania Spinosa* seed oil. *Phytochemistry*., **1981**, 20.2038-2039

14. Hilali M, Charrouf Z , Soulhi A, Hachimi L et Guillaume D. Detection of Argan Oil Adulteration Using Quantitative Campesterol GC-Analysis. *J Amer Oil Chem Soc;* **2007**, Volume 84; Number 8;

15. Patocka J. Biologically active pentacyclic triterpenes and their current medicine signification. *J Applied Biomedecine* **2003**; 1: 7-12.

16. Geetha T, Varalakshmi P. Anti-inflammatory activity of lupeol and lupeol linoleate in rats. *J Ethnopharmacol* , **2001** ; 76 : 77-80.

17. Fernandez MA, de las Heras B, Garcia MB, Saenz MT, Villar A. New insights into the mechanism of action of the anti-inflammatory triterpene lupeol. *J Pharm Pharmacol*, **2001**; 53: 1533-9.

18. Rahmani M. Contribution à la connaissance de l'huile d'argan. *Mémoire* de 3$^e$ cycle, Institut Agronomique et Vétérinaire Hassan II, Rabat, **1979**.

19. Stanley F, Wainapel, MD, MPH et Avital Fast, MD., Antioxidants and the Free Radical Theory of Degenerative Disease, *Alternative Medicine and Rehabilitation*, **2003**

20. Chen D. Daniel KG, Kuhn DJ, Kazi A, Bhuiyan M, Li L et Wang Z, Green tea and tea polyphenols in cancer prevention, *Front Biosci,* **2004**

21. Laughton M. Evans P, Moroney *M.*, Hoult J et Halliwell B. ., Inhibition of mammalian 5-lipoxygenase and cyclo-oxygenase by flavonoids and phenolic dietary additives. Relationship to antioxidant activity and to iron ion-reducing ability, *Biochem. Pharmacol.*, **1991**

22. Frankel EN, Kanner J, German JB, Parks E et Kinsella *JE.,* Inhibition of oxidation of human low-density lipoprotein by phenolic substances in red wine, *Lancet,* **1993**

23. Orgogozo JM, Dartigues JF et Lafont S., Wine consumption and dementia in the elderly: A prospective community study in the Bordeaux area, *Rev. Neurol.*, **1997**

24. ISNAH 3rd international Conference on Polyphenols Applications (**2006**). The International Society for Antioxidants in Nutrition and Health (*ISANH*).

25. Rojas L B, Quideau B, Pardon P., Charrouf Z, Colorimetric Evaluation of Phenolic Content and GC-MS Characterization of Phenolic Composition of Alimentary and Cosmetic Argan Oil and Press Cake. *J. Agric. Food Chem.* **2005**, 53, 9122-9127

26. Charrouf Z et Guillaume D, Huile d'argane une production devenue adulte, *Les Technologies de laboratoire* - N°6 Septembre - Octobre **2007**.

27. Fellat-Zarrouck K., Smoughen S et. Maurin R: Etude de la pulpe du fruit de l'arganier (*argania spinosa*) du Maroc. Matières grasse et latex, *Actes Inst. Agron. Vet.* **1987**, 7.

28. Sandert F. la Pulpe d'Argan, Composition Chimique et Valeur Fourragère, *Ann. Rech . Forestière* Maroc., **1956**, 4,151-175.

29. Dupin. L'arganier survivant de la flore tertiaire providence du sud marocain, *élevage et cultures*, **1949**, 3,28-334.

30. Charrouf Z., Fkhih-Tétouani S. et Rouessac F. Occurrence of Erythrodiol in Argania Spinosa, *Al Biruniya*, Revue marocaine de pharmacognosie, **1990** 6(2) ,135

31. Charrouf Z., **1991**. Valorisation *d'Argania spinosa (L.) Sapotaceae* : Etude de la Composition Chimique et de l'Activité Biologique du Tourteau et de l'extrait lipidique de la Pulpe. *Thèse* Sciences, univ. Mohmmed V, Rabat, Maroc.

32. Charrouf Z., Fkih-Tétouani S. ,Charrouf M., Mouchel B.. Triterpènes et stérols extrait de la pulpe d'Argania spinosa (L.) Sapotaceae. *Plantes médicinales et Phytothérapie*, XXV, **1991**, 2-3, 112-117.

33. Charrouf Z, Guillaume D. Secondary metabolites from *Argania spinosa*. *Phytochem Reviews* **2002** ; 1 : 345-54.

34. Chernane H., Hafidi A., El Hadrami I., Ajana H. Composition phénolique de la pulpe des feuilles d'arganier (Argania spinosa L. Skeels) et relation avec leurs caractéristiques morphologiques. *Agrochimica* **1999** ; 43 : 137-50.

35. Charrouf Z., Hilali M., Jauregui O., Soufiaoui M.,.Guillaume D, Separation and characterization of phenolic compounds in argan fruit pulp using liquid chromatography–negative electrospray ionization tandem mass spectroscopy. *Food Chemistry* 100 (**2007**) 1398–1401

36. Tahrouch S., Rapior S., Bessière JM., Andary C. Les substances volatiles de *Argania spinosa (Sapotaceae)*. *Acta Bot Gallica* **1998**; 145: 259-63.

37. Alaoui A, Charrouf Z, Dubreucq G, Maes E, Michalski JC, Soufiaoui M. Saponins from the pulp of Argania spinosa. (L.) Skeels (sapotaceae). *International Symposium of the Phytochemical Society :* Lead compounds from higher plants. Lausanne. 2001.

38. Battino M.**1929**.Recherches sur l'huile d'Argan et sur quelques autres Produits de l'Arganier. *Libraire le français* (paris), 132p.

39. Cotton S, Etude de la noix d'argan : nouveau principe immédiat, l'arganine. *Journal Pharmacie Chimique* **1988**. 18, 298.

40. Guillaume D, Charrouf Z, Saponines et métabolites secondaires de l'arganier (Argania spinosa), *Cahiers Agricultures* 2005 vol. 14, n° 6, novembre-décembre

41. Henry F., Danoux L., Charrouf Z.et Pauly G. New potentially active ingredient from *Argania spinosa* (L.) Skeels cakes. In: *Réseau de valorisation des plantes médicinales,* **2004**.

42. Henry F., Danoux L., Pauly G.et Charrouf Z. Use of *Argania spinosa* extracts as anti-acne agents. *Eur. Pat. Appl. EP* 1430900 A1, **2004**.

43. Chahboun J., **1993**. La Filière Triterpénique dans les Lipides des Feuilles d'*Argania Spinosa*, *Thèse* d'Université, Univ de Perpignan. France.

**44.** Charrouf Z. L'arganier, patrimoine marocain et mondial à sauvegarder et à protéger : mini revue sur la composition chimique et sur les essais de valorisation. *Al Biruniya* Revue Marocaine de Pharmacognosie **1995** ; 2 : 119-26.

**45.** El Kabouss A, Charrouf Z, Oumzil H, et al. Caractérisation des flavonoïdes des feuilles de l'arganier (*Argania spinosa* (L.) Skeels, sapotaceae) et étude de leur activité anti-microbienne. *Actes Inst Agron Vét* **2001** ; 21 : 157-62.

**46.** El Kabouss A, Charrouf Z, Faid M, Garneau FX, Collin G. Chemical composition and antimicrobial activity of the leaf essential oil of *Argania spinosa* L. Skeels. *Essent Oil Res* **2002** ; 14 : 147-9.

**47.** Pauly G, Henry F, Danoux L, Charrouf Z. Cosmetic and/or dermapharmaceutical composition containing extracts obtained from the leaves of *Argania spinosa*. *Pat Appl EP* 12 13025, **2002**.

**48.** Oulad Ali A, Kirchner V, Lobstein A, et al. Structure elucidation of three triterpene glycosides from the trunk of *Argania spinosa*. *J Nat Prod* **1996** ; 59 : 193-5.

**49.** Fakhar N., Charrouf Z., Coddeville B., Leroy Y., Michalski J., et Guillaume D. Nouveaux saponosides triterpeniques du bois de l'arganier (*Argania spinosa* (L.) Skeels. Sapotaceae). *J. Nat. Med.* **2007**.

# 1. LA RECOLTE ET LA MATURITE DES FRUITS DE L'ARGANIER.

## 1.1 LA RECOLTE :

La saison de récolte des fruits de l'arganier commence quand la couleur des fruits devient jaune, et qu'ils tombent par terre. Cette période commence au mois de mai et se termine au mois d'août, selon la région, par exemple à la région de AIT-MELLOUL, à l'IAV, on a commencé la récolte au mois de mai, mais à TIOUT les fruits ne sont pas encore murs, et ne le seront qu'au mois de juin, par contre, à TAFRAOUT, on a récolté les fruits à la fin du mois d'aout au moment où on ne trouve rien dans les autres régions.

Les femmes commencent à récolter les fruits tombés par terre, à partir de 6h du matin. Le gaulage des fruits est interdit par les autorités, mais cela n'empêche pas les femmes de gauler les fruits qui sont toujours sur l'arbre. Cependant, le gaulage entraine la perte de la récolte de l'année suivante, car les fleurs des fruits n'apparaissent qu'une fois les fruits mûrs.

Pour étudier le séchage et le stockage des fruits de l'arganier, une récolte a été effectuée le 04/07/2006 à TIOUT de 7h à 12h par 9 femmes ; le total des fruits récolté pendant ces 5h est de 471,6 kg. Ces fruits sont ensuite emballés dans des sacs et transportés à la coopérative.

**Figure.1: Les femmes récoltent les fruits d'argane.**

Cette expérience a permis d'observer les difficultés rencontrées par les femmes lors de la récolte des fruits : ramassage des fruits entre les épines, risque de morsure par des scorpions ou par des serpents, etc.

## 1.2 LA MATURITE

Pour faire l'étude de maturité, la récolte doit commencer avant la maturité des fruits. Cette étude à été réalisée au moi de mai, à l'Institut Agronomique et Vétérinaire Hassan II à AIT-MELLOUL.

Quatre types de fruits ont été récoltés pendant la même semaine :

- le $1^{er}$ type correspond aux fruits verts : ce sont des fruits qui n'ont pas encore mûris,
- le $2^{ème}$ type correspond aux fruits presque verts : les fruits commencent à mûrir, état intermédiaire entre les fruits vert et les fruits mûrs,
- le $3^{ème}$ type correspond au $2^{ème}$ état intermédiaire, les fruits sont presque mûrs, mais la couleur verte est toujours visible sur eux,
- le $4^{ème}$ type correspond aux fruits mûrs de couleur jaune.

Le séchage a été réalisé à l'aide d'un tunnel, fabriqué sur place, et a duré 15 jours ; le dépulpage est effectué manuellement à l'aide d'un couteau ; le concassage est effectué par une femme installé à Rabat.

Afin de comparer les huiles provenant des fruits de différentes maturités, des analyses ont été effectués.

### 1.2.1. Pourcentage d'amandons par rapport à la noix :

**Tableau.1 : Pourcentage d'amandons par rapport à la noix.**

| | Fruits verts | Fruits presque verts | Fruits presque mûrs | Fruits mûrs |
|---|---|---|---|---|
| Masse de noix (g) | 1450 | 990 | 1150 | 992 |
| Masse des amandons(g) | 178 | 119 | 142 | 138 |
| %amandons/Noix | 12 | 12 | 12 | 13 |
| % Eau et Matières Volatiles (amandons) | 5,0 | 5,7 | 6,1 | 4,9 |

Les résultats ont montré que le pourcentage des amandons par rapport à la noix est presque stable durant les 1$^{ers}$ états de maturité mais ce pourcentage augmente quand les fruits deviennent mûrs, cela n'est pas dû à la teneur en eau des amandons car les amandons mûres présentent la plus faible teneur en eau 4,95% par rapport aux autres dont la teneur en eau se situe entre 5,03 et 6,16%.

**1.2.2. Teneur en huile :**

Tableau.2 : Evolution du rendement en huile des fruits en fonction stade de maturité

|         | Fruits verts | Fruits presque verts | Fruits presque mûrs | Fruits mûrs |
|---------|--------------|----------------------|---------------------|-------------|
| % Huile | 54,0         | 50,8                 | 52,3                | 53,4        |

À cause des petites quantités de fruits récoltés, l'extraction des huiles a été faite par Soxhlet. Le rendement en huile ne reste pas stable durant les stades de maturité : il passe de 54% pour les fruits verts à 50,87 pour les fruits presque verts, augmente à 52% pour les fruits presque mûrs et 53% pour les fruits mûrs.

Ce changement de rendement a été trouvé pour d'autres graines oléagineuses. En effet, les chercheurs ont trouvé que les rendements augmentent au cours de la maturation : Matthäus et al [1] ont trouvé que le rendement en huile de Colza augmente au cours de la maturation, les mêmes résultats ont été trouvés pour les graines d'arachides [2] et l'huile d'olive [3].

L'accumulation d'huile dans les fruits peut être réglementée par l'intervention et l'activité du système enzymatique "Fatty Acid Synthetase", qui fonctionne différemment pendant la maturation des fruits [4].

**1.2.3. Paramètres Physico-chimiques :**

Tableau.3 : Evolution des paramètres physico-chimiques en fonction stade de maturité

|          | Fruits verts | Fruits presque verts | Fruits presque mûrs | Fruits mûrs |
|----------|--------------|----------------------|---------------------|-------------|
| %acidité | **0,18**     | 0,16                 | 0,16                | 0,16        |
| E232     | 1,2          | **1,5**              | 1,4                 | 1,2         |
| E270     | 0,1          | **0,2**              | 0,2                 | 0,2         |

L'acidité est exprimée en pourcentage d'acide oléique.

On observe une diminution, mais pas significative, quand on passe des fruits verts aux autres stades de maturité, mais les huiles restent dans la norme et l'acidité ne dépasse pas 0,8% ; cela est probablement dû à ce que les lipides n'ont pas été exposés à de fortes hydrolyses au cours de la maturation. Matthaus et al ont rapporté qu'une diminution significative a été observée chez les huiles de colza [1] ; mais pour l'huile d'olive Caponio et al [5] ont observé une légère augmentation d'acide gras libre mais seulement quand les fruits ont complètement noircis.

L'extinction spécifique des huiles extraites a été déterminée à 232 et 270 nm ; les huiles extraites à partir des fruits presque verts présentent la valeur la plus élevée, elle commence à diminuer au cours de la maturation. Ce comportement peut être expliqué par une baisse de l'activité de l'enzyme lipoxygenase au dernier stade de maturation. Ces résultats sont en accord avec ceux relatés par d'autres auteurs. [6,7,8].

Caponio [5] a observé une légère augmentation d'$E_{232}$ et $E_{270}$ au cours de la maturation des fruits de l'olivier.

### 1.2.4. Stabilité oxydative :

Tableau.4 : Evolution de la stabilité oxydative en fonction stade de maturité

| Rancimat | Fruits verts | Fruits presque verts | Fruits presque mûrs | Fruits mûrs |
|---|---|---|---|---|
| Par heures | 7,5 | 8,8 | 9,8 | 13,7 |

D'après les résultats obtenus par Rancimat, on peut constater que la stabilité oxydative de l'huile augmente avec la maturité des fruits : les fruits mûrs sont plus stables que les autres ; cela est probablement dû à la formation des antioxydants (tocophérol et polyphénol) au cours de la maturation.

L'augmentation de quantité des tocophérols au cours de la maturité a été trouvée par plusieurs auteurs : Sbei et *al* [9] pour les graines de colza, Sakouhi et *al* [10] pour l'huile d'olive, mais Caponio et *al* [5] ont observé une diminution des polyphénol et du temps d'induction de l'huile d'olive au cours de la maturation.

## 1.2.5. Composition en acides gras :

Le tableau 5 montre que les teneurs en acide oléique (C18:1) évoluent progressivement au cours de la maturation des fruits de l'arganier et présentent un maximum d'accumulation aux dernier stades de maturation, Le C18:1 est l'acide gras le plus présent dans l'huile d'argane dont la teneur dépasse 50%.

C'est la seule variation observée au cours de la maturation ; par contre les autres acides gras restent presque stables au cours de la maturation, la teneur en acide linoléique varie entre 30,7 et 30,4%, variation non significative.

**Tableau.5 : Composition en acide gras en fonction stade de maturité**

|  | Fruits verts | Fruits presque verts | Fruits presque mûrs | Fruits mûrs |
|---|---|---|---|---|
| Ac. Oléique % | 50,3 | 50,7 | 50,9 | 51,3 |
| Ac. Linoléique % | 30,7 | 30,4 | 30,4 | 30,4 |
| Ac. Stéarique % | 4,5 | 4,5 | 4,5 | 4,5 |
| Ac. Palmitique % | 13,3 | 13,2 | 12,9 | 12,5 |
| Σ Ac. gras Insaturé | 81 | 81,1 | 81,3 | 81,7 |
| Σ Ac. gras Saturé | 17,8 | 17,7 | 17,4 | 17,0 |

*Figure.2a : Fruits verts et intermédiaires*

*Figure.2b : Fruits mûrs*

## 2. SECHAGE DES FRUITS DE L'ARGANIER

### 2.1 INTRODUCTION :

La méthode de séchage utilisée pour les fruits de l'arganier est le séchage solaire: les fruits récoltés par les femmes sont étalés sur couche mince sous le soleil à l'air libre pendant 20 jusqu'à 40 jours.

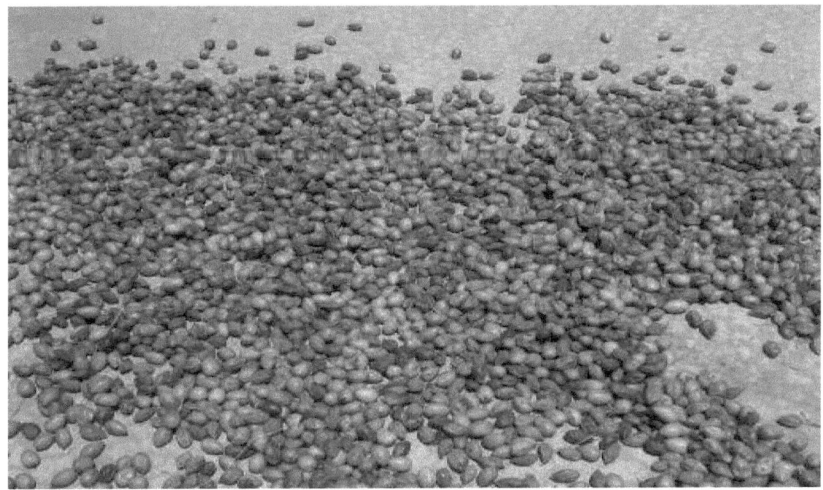

*Figure.3 : Séchage des fruits de l'arganier à l'air libre*

Le séchage au soleil est la technique de conservation des aliments la plus ancienne et la plus répandue. Elle consiste généralement à étaler des produits frais sur les toits des habitations ou sur des nattes à même le sol.

Le séchage solaire est un mode de séchage par entraînement: quand un produit végétal sèche, c'est l'eau de surface qui est évaporée puis entraînée par un courant d'air, d'où le nom de séchage par entraînement. L'eau contenue à l'intérieur du produit migre vers la surface au fur et à mesure du séchage, où elle est à son tour évaporée et évacuée [11].

Ce processus est composé de 2 phases distinctes : dans un premier temps, le séchage est facile, le produit étant gorgé d'eau. On évapore l'eau « libre », comme l'eau pure à l'air libre ; dans un second temps, il faut évaporer l'eau «liée», fixée aux constituants du produit, qui se vaporise de plus en plus difficilement au cours du séchage. Un séchage total mène à évaporer toute l'eau du produit (il ne reste alors que la matière sèche : MS).

L'objectif principal du séchage est de réduire l'humidité à un niveau qui permettra le stockage des fruits pendant une période prolongée en empêchant la croissance et la reproduction des micro-organismes qui causent l'affaiblissement du produit [12]. En outre, le séchage permet la réduction substantielle du poids et du volume des fruits, ce qui amortit le coût de l'empaquetage, du stockage et du transport. [13,14]

Le séchage est nécessaire pour réduire l'activité de l'eau du produit à une valeur garantissant sa stabilité microbiologique [14,15,16]. Cette diminution de l'activité de l'eau a également pour conséquence de limiter la plupart des réactions biochimiques. Au cours du séchage, et selon les conditions opératoires appliquées, l'équilibre état cristallin/état amorphe des sucres peut être modifié; de plus, l'utilisation de températures élevées accélère les réactions de brunissement non enzymatique. [17]

Le but de ce travail est d'étudier l'effet de séchage des fruits de l'arganier sur le rendement, la qualité et la composition chimique de l'huile d'argane.

## 2.2 RESULTATS ET DISCUSSION

### 2.2.1 EVOLUTION DE LA MASSE DES AMANDONS :

Les fruits mure récoltés sont répartis en cinq lots, suivant leur temps de séchage, à savoir les fruits frais ($J_0$), les fruits séchés pendant 1, 2, 3 et 4 semaines.

Les fruits frais sont dépulpés manuellement à l'aide de 2 pierres : méthode traditionnelle ; par contre les fruits séchés sont dépulpés à la machine.

Le concassage des fruits a été fait manuellement par les femmes de la coopérative.

Le tableau suivant montre l'évolution de la masse de la coque et des amandons à partir de 12 kg de fruits en fonction de la durée de séchage.

**Tableau.6 : Évolution de la masse de la coque et des amandons en fonction de la durée de séchage des fruits de l'arganier.**

| Semaines | 1 | 2 | 3 | 4 |
|---|---|---|---|---|
| Masse des fruits (kg) | 12 | 12 | 12 | 12 |
| Masse de la coque (kg) | 6,2 | 6,0 | 5,8 | 5,5 |
| Masse de la pulpe (kg) | 4,9 | 5,2 | 5,3 | 5,6 |
| % coque/Fruits | 51,6 | 50,0 | 48,3 | 46,0 |
| Masse des amandons (g) | 840 | 800 | 830 | 850 |
| % Amandons/Fruits | 7,0 | 6,6 | 6,9 | 7,0 |

D'après les résultats obtenus on a remarqué la diminution de la masse de la coque au cours des semaines de séchage : elle passe de 6,2 kg la première semaine à 5,5 kg la 4$^{ème}$ semaine, par contre la masse des amandons ne change pas significativement au cours des semaines de séchage : entre 800 et 850 g.

La diminution significative de la masse de la coque au cours des semaines de séchage est probablement due à la perte importante d'eau. Par contre la perte d'eau des amandons n'est pas importante après la 1$^{ere}$ semaine de séchage.

**2.2.2 RENDEMENT DU DÉPULPAGE :**

Le dépulpage ne peut être réalisé facilement sans effectuer le séchage car les fruits d'argane frais contiennent un liquide qui rend l'opération de dépulpage difficile.

Après une semaine de séchage on constate que les fruits deviennent un peu durs et que le liquide a presque disparu, ce qui facilite le dépulpage mécanique.

Rdt = (masse des fruits dépulpés – masse des fruits non dépulpés)/ masse totale des fruits.

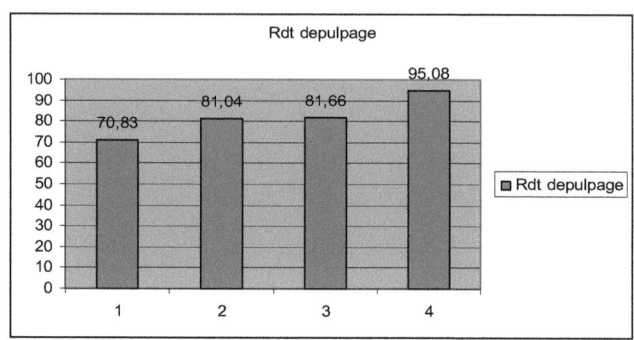

**Figure. 4** : *Evolution du rendement de dépulpage en fonction de la durée de séchage des fruits de l'arganier.*

Les fruits frais sont dépulpés manuellement par les femmes à l'aide de deux pierres alors que les fruits séchés sont dépulpés mécaniquement à l'aide d'un dépulpeur électromécanique. D'après la courbe, le rendement de dépulpage augmente avec le temps de séchage pour atteindre 95%.

Le rendement du dépulpage mécanique augmente avec la durée de séchage.

### 2.2.3 TENEUR EN EAU ET MATIÈRES VOLATILES

La teneur en eau a été déterminée afin de connaître la quantité d'eau contenue dans les amandons étant donné que l'eau constitue un risque majeur d'oxydation de l'huile [18]

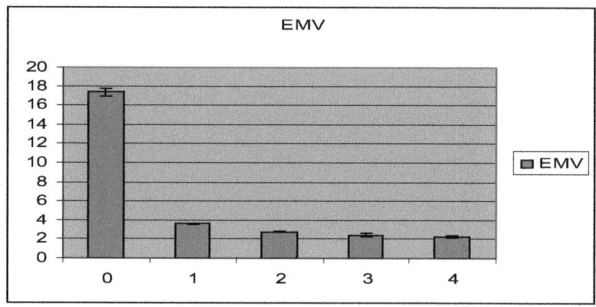

**Figure. 5** : *Evolution de la teneur en eau en fonction de la durée de séchage des fruits de l'arganier.*

Les amandons des fruits frais contiennent plus de 17% d'eau alors qu'après une semaine de séchage la teneur en eau et en matière volatile diminue pour atteindre 3,6% puis 2,2% pour la $4^{ème}$ semaine.

L'eau présente dans les tissus végétaux peut être plus ou moins disponible, ce qui permet de distinguer l'eau liée de l'eau disponible qui provoque les détériorations du produit soit en accélérant les réactions chimiques, soit en favorisant la croissance des micro-organismes. [19].

Le séchage a pour but de réduire suffisamment la teneur en eau des fruits et des amandons, pour garantir des conditions favorables de stockage ou de transformation ultérieure du produit.

**2.2.4 TENEUR EN HUILE**

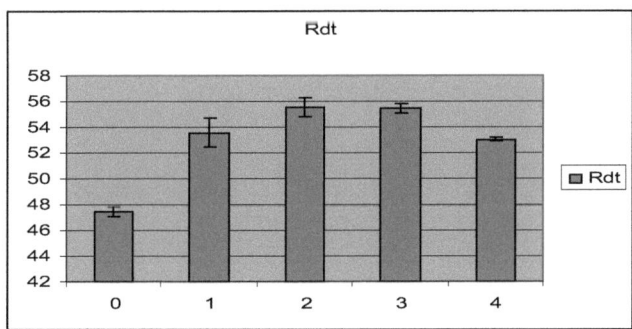

**Fig.6** : *Evolution du rendement en huile en fonction de la durée de séchage des fruits de l'arganier.*

Les amandons des fruits non séchés ont un faible rendement en huile qui ne dépasse pas 48%, valeur inférieure au rendement normal qui est de 50%. Les fruits qui ont été séchés pendant 2 et 3 semaines ont un rendement optimal 55%. Si on augmente la durée de séchage de plus de 3 semaines, le rendement diminue jusqu'à 53%.

On peut dire qu'une teneur en eau très élevée entraînerait une diminution statistiquement significative ($R^2 = 0,888$, $p < 0,05$) du rendement d'extraction, de même pour un prolongement de durée de séchage.

La teneur en eau des amandons ou de toute matière de laquelle on veut extraire de l'huile est très importante. En effet, l'eau contenue dans la matière première a une influence aussi bien sur le rendement ou le taux d'extraction que sur la qualité de l'huile extraite [18, 20, 21]

### 2.2.5 INFLUENCE DU SÉCHAGE SUR LA QUALITÉ DE L'HUILE :

L'analyse de la qualité de l'huile extraite montre une influence significative ($p < 0,05$) de la teneur en eau, au cours du séchage, sur l'acidité et sur l'indice de peroxyde de l'huile, ainsi que sur son absorbance dans l'ultraviolet à 232 et sur la composition des acides gras (acide palmitique, oléique et linoléique).Par contre l'indice de réfraction, l'absorbance dans l'ultra-violet à 274 et Rancimat ne sont pas significativement influencés ($p > 0,05$).

**A. ACIDITÉ :**

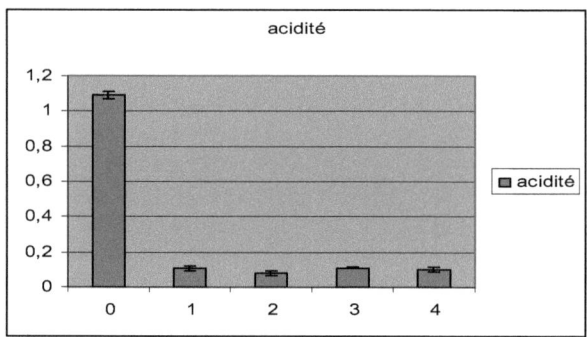

**Figure.7** : *Evolution de l'acidité en fonction de la durée de séchage des fruits de l'arganier.*

Les résultats illustrés sur la figure 7 nous permettent de constater que l'acidité de l'huile avant le séchage est élevée 1,09 ; et elle diminue pendant une semaine de séchage, puis elle se stabilise pendant 4 semaines de séchage.

L'existence de l'eau dans les amandons favorise la contamination de l'huile par les microorganismes et par conséquence la sécrétion des enzymes (les lipases) qui vont provoquer l'hydrolyse des triglycérides et par la suite la libération des acides gras. L'activité élevée de l'eau favoriserait l'oxydation des lipides. [22 ; 23]

D'après les résultats trouvés on peut conclure que l'acidité de l'huile provenant des fruits frais correspond à celle d'une huile vierge fine alors que l'acidité des huiles provenant des fruits séchés correspond à celle des huiles vierges extra selon SNIMA [24].

Le traitement des données expérimentales par analyse de variance montre une influence significative ($p < 0,05$) des variables de commande ($R^2 = 0,993$).

## B. INDICE DE PEROXYDE

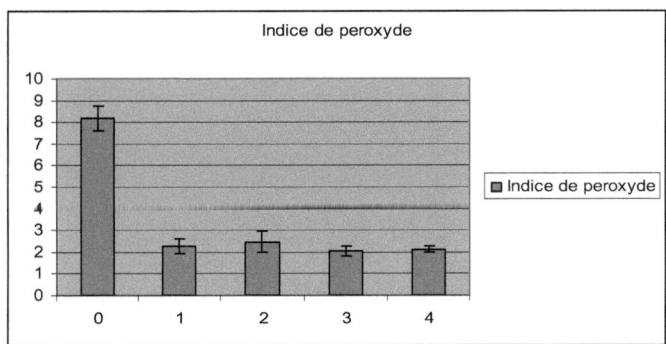

**Figure.8** : *Evolution de l'indice de peroxyde en fonction de la durée de séchage des fruits de l'arganier.*

Les huiles provenant des fruits frais ont un indice de peroxyde élevé par rapport aux huiles des fruits séchés. Après une semaine de séchage l'indice de peroxyde diminue jusqu'à 2,27 meq/kg puis augmente à 2,46 et diminue encore à 2,05, enfin il se stabilise à 2,13 meq/kg.

L'humidité élevée favorise la production de peroxydes [25]: en effet c'est au contact de l'oxygène de l'air qu'une huile s'oxyde et vieillit. La pulpe et la coque masquent l'amandon d'un contact avec la lumière et l'oxygène, ce qui explique la faible valeur de l'indice de peroxyde des huiles d'argane provenant des fruits séchés de 1 à 4 semaines.

Les niveaux de peroxydes évalués ne dépassent pas les 15 milliéquivalents d'oxygène actif par kilogramme d'huile chez toutes les huiles. Les indices de peroxyde obtenus restent très inférieurs aux valeurs limites indiquées pour une huile d'argane vierge extra par SNIMA [24]. Ces valeurs indiquent un bon état de l'huile.

Le traitement des données expérimentales par analyse de variance montre une influence significative (p < 0,05) des variables de commande ($R^2$ = 0,991).

### C. EXTINCTION SPECIFIQUE EN UV

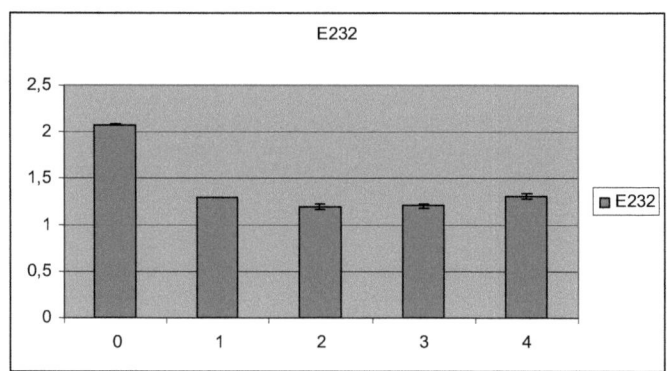

**Figure.9** : *Evolution de l'extinction spécifique à 232 nm en fonction de la durée de séchage des fruits de l'arganier.*

On constate que l'huile provenant des fruits frais présente l'absorbance la plus élevée à 232 nm; après une semaine de séchage des fruits, l'absorbance à 232nm diminue jusqu'à 1,29 nm, ce qui nous permet de conclure que l'existence de l'eau dans les amandons a favorisé la formation des produits primaires d'oxydation.

Le traitement des données expérimentales par analyse de variance montre une influence significative (p < 0,05) des variables de commande ($R^2$ = 0,983).

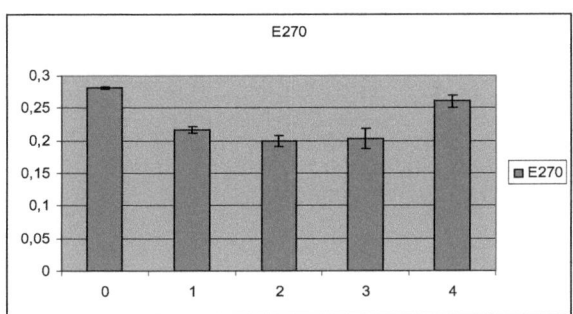

**Figure.10 :** *Evolution de l'extinction spécifique à 270 nm en fonction de la durée de séchage des fruits de l'arganier.*

La figure 10 montre que le K270 diminue avec la durée de séchage des fruits de l'arganier jusqu'à la $3^{ème}$ semaine, pour augmenter ensuite à la $4^{ème}$ semaines ce qui peut être expliqué par le fait que les produits primaires d'oxydation qui étaient présents dans l'huile extraite se sont transformés en produits secondaires d'oxydation qui absorbent la lumière au voisinage de 270 nm ; mais L'analyse des variances ne révèle aucune influence significative (p > 0,05) de la teneur en eau sur le E 270.

### D. INDICE DE REFRACTION.

C'est une caractéristique qui sert de test de pureté de l'huile.

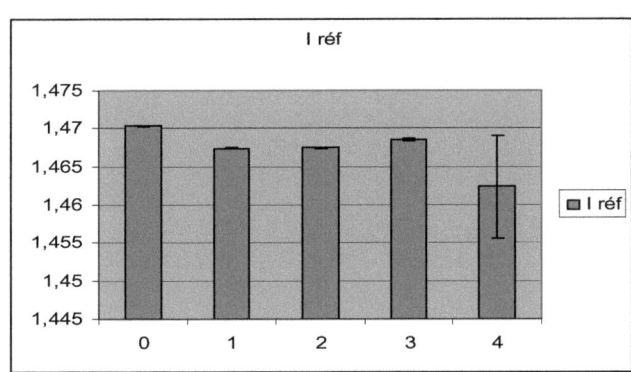

**Figure. 11 :** *Evolution de l'indice de réfraction en fonction de la durée de séchage des fruits de l'arganier.*

L'analyse des variances ne révèle aucune influence significative (p > 0,05) de la teneur en eau sur l'indice de réfraction. De même, les techniques d'extraction et les traitements apportés aux amandons n'ont aucune influence sur les indices de réfraction [26]. L'indice de réfraction reste stable. Il se situe entre 1,470 et 1,467. Valeur attestant le faible niveau des triènes dans les huiles étudiées.

Selon la Norme SNIMA, l'indice de réfraction (à 20 °C) est compris entre 1,463 et 1,472.

E. RANCIMAT

L'étude de conservation des huiles provenant des fruits frais et séchés a été menée au Rancimat : cet appareil permet de déterminer le temps de dégradation d'une huile soumise à des conditions drastiques de température (110 °C) et de pression d'oxygène. Les résultats sont représentés sur le tableau suivant :

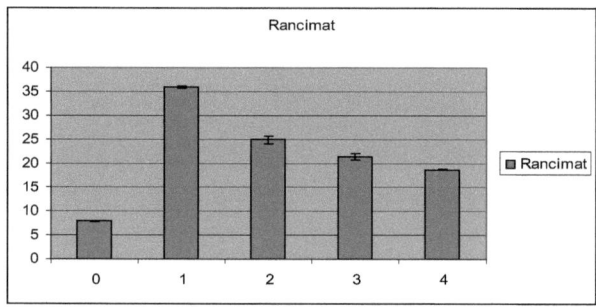

**Figure.12** : *Evolution de Rancimat en fonction de la durée de séchage des fruits de l'arganier.*

Il ressort de ces résultats que l'huile d'argane provenant des fruits frais peut s'oxyder plus vite que l'huile provenant des fruits séchés. Cela serait attribué, entre autres, à la formation de nouvelles molécules durant son séchage, comme les molécules de la réaction de Maillard, qui se forment par condensation des sucres réducteurs et des acides aminés.

On constate aussi que le temps d'induction diminue avec le temps de séchage. Le temps optimal pour obtenir une huile plus stable est d'une semaine.

Le prolongement du séchage provoque la diminution du temps d'induction, donc moins de stabilité, cela peut être dû à la destruction des antioxydants.

Les huiles provenant des fruits séchés sont plus résistants à la température que l'huile provenant des fruits frais. Pour un temps d'induction de 8h, les industriels préconisent une durée de conservation de deux ans.

## F. TENEUR EN PHOSPHORE ET LECITHINE :

Le phosphore rencontré dans les huiles végétal provient des phospholipides, pour déterminer sa teneur dans l'huile extraite, nous avons suivi la méthode vanadomolybdique de dosage calorimétrique du phosphore dans le corps gras d'origine animale et végétale, cette méthode nous a permis de tracer un courbe d'étalonnage (figure 13)

Les taux de phosphore sont déterminés par extrapolation sur une courbe de corrélation.

### Courbe d'étalonnage :

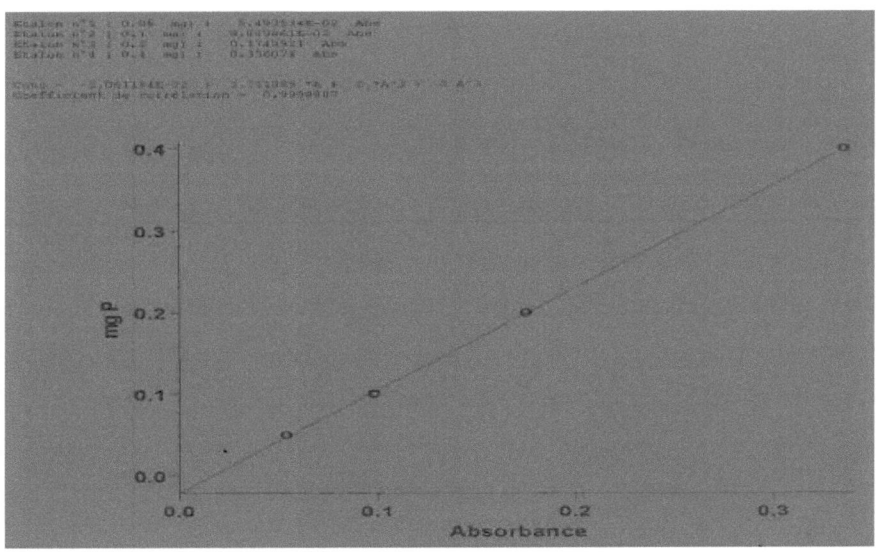

Figure. 13. Courbe d'étalonnage

Tableau. 7 : Evolution de la teneur en phosphore et lécithine en fonction de la durée de séchage des fruits de l'arganier.

| Semaine | 0 | 1 | 2 | 3 | 4 |
|---|---|---|---|---|---|
| Phosphore (ppm) | 83,7 | 61,0 | 60,8 | 51,9 | 34,1 |
| Lécithine % | 0,22 | 0,16 | 0,15 | 0,14 | 0,09 |

La teneur en phosphore diminue au cours du séchage, il passe de 83 à 61 pendant la 1$^{ere}$ semaine de séchage et continue de diminuer pendant la 2ème, 3ème et 4ème semaine pour atteindre 34.

## 2.2.6 INFLUENCE DU SÉCHAGE SUR LA COMPOSITION CHIMIQUE DE L'HUILE :
**COMPOSITION EN ACIDES GRAS**

**Tableau. 8 : Evolution de la composition en acides gras en fonction de la durée de séchage des fruits de l'arganier**

| Semaine | 0 | 1 | 2 | 3 | 4 | SNIMA |
|---|---|---|---|---|---|---|
| Acide Palmitique | 15,2 | 15,1 | 15,3 | 15,3 | 15,2 | 11,5- 15,0 |
| Acide Stéarique | 6,3 | 5,9 | 5,9 | 5,8 | 5,7 | 4,3-7,2 |
| Acide Oléique | 42,7 | 44,7 | 45,8 | 45,5 | 45,2 | 43,0-49,1 |
| Acide linoléique | 34,4 | 32,9 | 31,7 | 32,1 | 32,2 | 29,3-36,0 |

La composition en acides gras d'une huile peut être un indicateur de sa stabilité, ses propriétés physiques, et sa valeur nutritionnelle.

D'après les résultats obtenus, l'analyse de variances ne révèle aucune influence significative ($p > 0,05$) de teneur en eau sur l'acide Palmitique ; par contre le traitement des données expérimentales par analyse de variance montre une influence significative ($p < 0,05$) de la teneur en eau sur l'acide stéarique ($R^2 = 0,903$), sur l'acide oléique ($R^2 = 0,917$) et sur l'acide linoléique ($R^2 = 0,872$) (les acides gras prédominant de l'huile d'argane).

Il ressort de ces résultats que le séchage peut influencer la composition en acides gras de l'huile d'argane, alors que sa durée n'a aucun effet.

## 2.3 CONCLUSION

Ce travail a pour objet l'étude de l'influence du séchage solaire des fruits de l'arganier à l'air libre sur la qualité des huiles qui y sont extraites.

Les résultats obtenus montrent que le séchage solaire des fruits de l'arganier entraîne la diminution de la teneur en eau ce qui permet un meilleur stockage des fruits et des amandons, facilite le dépulpage et augmente leur rendement. Il augmente aussi la teneur en huile, et la qualité en diminuant l'acidité, l'indice de peroxyde, le $K_{232}$ et $K_{270}$. On a pu montrer aussi que le séchage augmente la stabilité de l'huile alors qu'un séchage prolongé la diminue.

Pour conclure, le séchage solaire est une étape nécessaire pour la production de l'huile d'argane, et le temps de séchage recommandé est de 2 à 3 semaines.

# 3. STOCKAGE DES FRUITS ET DES NOIX DE L'ARGANIER

## 3.1 INTRODUCTION :

Après le séchage au soleil, les fruits séchés sont dépulpés pour utiliser les amandons sur place ou bien les stocker pour une utilisation antérieure.

Le stockage des fruits de l'arganier se fait dans des magasins réservés pour ce fait, mais ces derniers ne sont pas bien équipés. Le stockage au niveau des coopératives dans leur magasin peut durer jusqu'à 12 mois ; mais d'après les autochtones, le stockage des fruits séchés de l'arganier peut durer jusqu'à 36 mois ou plus.

Pour cela, il est nécessaire de déterminer la durée de vie des fruits de l'arganier.

L'amandon de l'arganier est enveloppé par la coque et la pulpe. La question qui se pose est la suivante : est ce que la coque et la pulpe protègent l'amandon ? Est ce que c'est la coque seule qui protège l'amandon ? Ces question nous mèneront à poser une autre question : faut-il stocker les fruits avec la pulpe ou après dépulpage ?

Pour répondre à ces questions nous avons fait une étude sur le stockage des fruits de l'arganier, dont le but est de déterminer le temps nécessaire pour stocker les fruits de l'arganier, et de déterminer la différence entre le stockage des fruits et des noix.

Les trois importants facteurs qui influencent la stabilité des produits au cours du stockage sont la teneur en eau du produit, la température du lieu de stockage et la durée de stockage.

La teneur en eau est peut être le plus important facteur qui affecte la stabilité du produit au cours du stockage. Les fruits de l'arganier sont mis à sécher pendant 3 à 5 semaines, ce qui minimise la teneur en eau de la pulpe, de la coque et de l'amandon, et assure aux fruits un bon stockage pendant une longue durée.

La température est un autre facteur très important qui influence le stockage des fruits de l'arganier. En effet, La croissance des champignons et les changements chimiques comme l'oxydation augmentent avec la température : les insectes se développent et se reproduisent à des températures situées entre 27 et 35 °C ; au dessous de 16 °C les insectes deviennent inactifs et meurent. L'exposition à des températures de plus de 60 °C tue la plupart des insectes en 10 min.

Le dernier facteur est la durée de stockage : toutes les études faites sur les produits oléagineux ont montré qu'un stockage prolongé des produits affecte la qualité de l'huile extraite.

D'après nos connaissances aucune étude n'a été faite pour déterminer la durée de vie des fruits de l'arganier.

Le But de notre travail est de déterminer le temps nécessaire pour stocker les fruits et les noix de l'arganier.

## 3.2 RÉSULTATS ET DISCUSSION :

Les fruits de l'arganier utilisés dans cette étude de stockage, ont été récoltés à la Forêt de Tiout, 30 km de Taroudant. Les fruits récoltés sont séchés sur couche mince, à l'air libre sous le soleil pendant 20 jours, comme le font les autochtones.

Les fruits séchés sont divisés en 2 lots :

- Le 1er lot est réparti dans 9 sacs et chaque sac est rempli par 18 kg de fruits (ECF).
- Le 2ème lot est dépulpé par machine et les noix obtenues sont réparties dans 9 sacs (ECN).

Un prélèvement a été fait le jour du stockage et six autres prélèvements ont été faits tous les 4 mois, pour effectuer des analyses quantitatives et qualitatives.

Pour cela on a déterminé la teneur en eau, le rendement en huile déterminé par extraire de l'huile au laboratoire, l'acidité, l'indice de peroxyde, l'extinction spécifique en UV à 232 et 270 nm, le test Rancimat et la composition en acides gras.

### 3.2.1 Eau et Matiere Volatile de l'amandons.

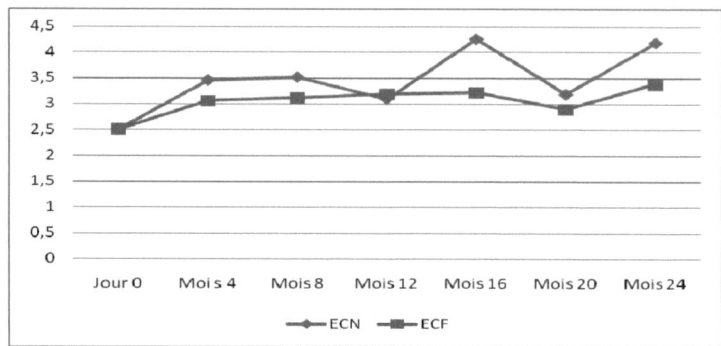

**Figure. 14 :** *Evolution de la teneur en eau en fonction de la durée de stockage des fruits et des noix de l'arganier.*

La teneur en eau des amandons est parmi les facteurs intéressants qui influencent la qualité de l'huile extraite, car une teneur élevée en eau provoque la détérioration de l'amandon ce qui donne une huile rance de faible qualité.

D'après les résultats obtenus nous constatons que la teneur en eau et en matière volatile de l'amandon ne dépasse pas 3,4 % pour le stockage des fruits et 4,3% pour les noix ; valeurs inferieures à celles proposées par Brooker et Patterson [27 ; 28], 8% pour le stockage des graines oléagineuses.

L'EMV reste presque stable pendant les 24 mois de stockage, mais on constate que l'EMV des noix est plus élevée que celle des fruits, cela est dû probablement à l'absorption de l'eau par la pulpe, ce qui empêche la pénétration de l'eau dans la noix qui joue elle aussi une barrière entre le milieu extérieur et l'amandon.

### 3.2.2 Rendement en huile:

Le Rendement en huile est calculé à partir des huiles extraites par soxhlet par rapport aux amandons, cette valeur est très intéressante car elle nous permet de savoir s'il y a des changements au cours du stockage.

La figure suivante regroupe les teneurs en huile pendant les 24 mois de stockage.

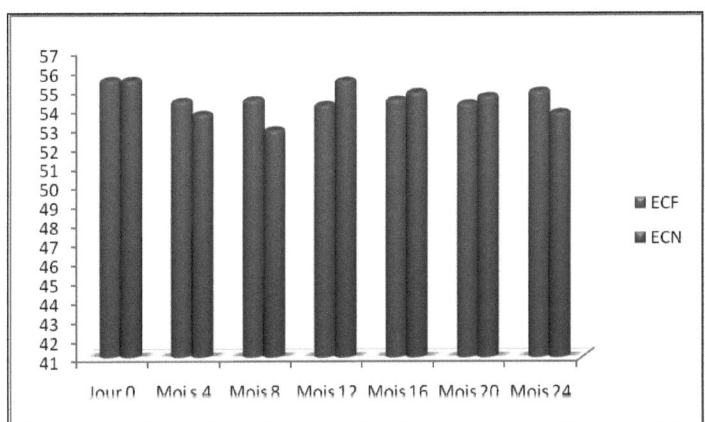

**Figure. 15 :** *Evolution du rendement en huile en fonction de la durée du stockage des fruits et des noix de l'arganier.*

Les résultats obtenus au cours de ces 2 années de stockage des noix et des fruits ont bien montré que le rendement en huile reste stable pour les fruits et les noix ; cette stabilité est due à la bonne protection de la pulpe et de la coque de l'amandon qui emmagasine l'huile d'argane.

D'après ces résultats on peut conclure que le stockage des fruits de l'arganier pendant 2 ans n'a aucune influence sur le rendement en huile, et on peut dire aussi qu'il n'y a pas de différence entre le stockage des fruits avec ou sans pulpe.

### 3.2.3 INFLUENCE DE STOCKAGE SUR LA QUALITE DE L'HUILE
**1. ACIDITE**

Lors de L'élaboration d'une huile, on ne peut pas éviter la présence d'eau (en très faible quantité) au sein du mélange de triglycérides. Une transformation chimique (hydrolyse) peut donc conduire lentement à la formation d'acides gras correspondants. La quantité d'acides gras libérés dans une huile est appelée acide « libre ». Une huile est considérée comme consommable si sa teneur en acide libre est inférieure à 1 % en masse. Pour chiffrer cette teneur, on utilise l'acidité, définie comme la masse d'hydroxyde de potassium ou potasse (KOH), exprimée en milligrammes, nécessaire au dosage de l'acide « libre » contenu dans un gramme d'huile.

L'acidité est exprimée en pourcentage en acide oléique.

Les résultats de l'acidité des huiles extraites à partir des amandons provenant des fruits et noix stockés de 0 à 24 mois sont représentés dans la figure 16 :

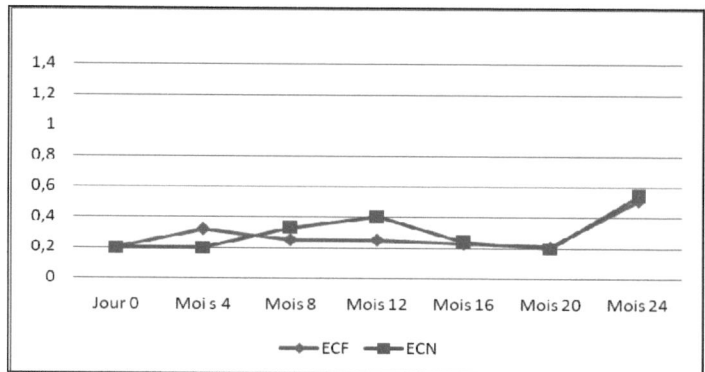

**Figure. 16:** *Evolution de l'acidité en fonction de la durée de stockage des fruits et des noix de l'arganier.*

D'après les résultats illustrés dans le tableau précédent, l'acidité des huiles provenant des ECF pendant 20 mois varie entre 0,20 et 0,33, une différence qui n'est pas significative. Pour l'ECN l'acidité varie entre 0,20 et 0,40 pour la même durée. Après le $20^{ème}$ mois l'acidité augmente jusqu'à 0,51 et 0,54 pour l'ECF et l'ECN respectivement.

On remarque que le stockage des fruits ou bien des noix pendant 24 mois n'a pas une grande influence sur l'acidité de l'huile extraite. En effet, même si l'acidité atteint 0,54 pour l'ECN, l'huile reste dans les normes d'une huile vierge extra selon SNIMA (<0,8) [24].

## 2. Indice de peroxyde

Le niveau d'oxydation de l'huile a été vérifié par la mesure de l'indice de peroxyde.

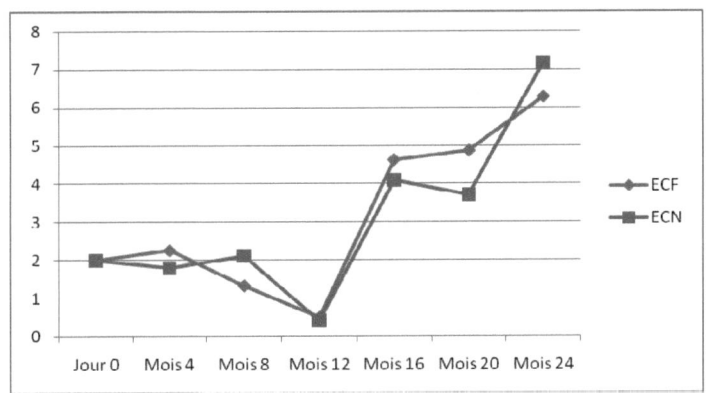

**Figure.17 :** *Evolution de l'indice de peroxyde en fonction de la durée de stockage des fruits et de noix de l'arganier.*

L'indice de peroxyde constitue un important paramètre de qualité des huiles alimentaires. A cet égard, les huiles extraites ont été analysées et les résultats ont été représentés sur la figure ci-dessus pour le stockage des fruits et des noix. Ces résultats montrent que les valeurs maximales obtenues sont de l'ordre de 6,27 et 7,16 méq/kg d'huile pour les fruits et les noix respectivement.

Les valeurs maximales obtenues sont inférieures à la valeur maximale admise pour les huiles alimentaires vierges qui est de 15 méq/kg de matière grasse, et inférieure à celle admise dans le cas de l'huile vierge d'olive [29] et l'huile d'argane qui est de 20 méq/kg, Ceci indique que le stockage des fruits ou bien des noix pendant 24 mois n'altère pas l'huile extraite qui reste comparable a une huile extra vierge selon SNIMA.

### 3. L'extinction spécifique en UV

L'extinction spécifique des huiles dans l'ultraviolet constitue un important paramètre de qualité des huiles [29] En effet, à 232 nm elle permet d'évaluer la présence des produits primaires d'oxydation des acides gras (hydroperoxydes linoléiques, acides gras oxydés) tandis qu'à 270 nm sont détectés les produits secondaires d'oxydation des acides gras (alcools, cétones, …) [30]. A cet égard, l'absorbance des huiles extraites a été évaluée dans l'ultraviolet et les coefficients d'extinction spécifique à 232 et 270 nm reportés. Les tableaux suivants représentent l'évolution de l'extinction spécifique des huiles provenant des fruits et noix stockés de 0 à 24 mois.

**Tableau.9** : *Evolution de l'extinction spécifique en UV à 232 et 270 nm en fonction de la durée de stockage des fruits et de noix de l'arganier.*

### 1. E232

| E232 | Jour 0 | Mois 4 | Mois 8 | Mois 12 | Mois 16 | Mois 20 | Mois 24 |
|---|---|---|---|---|---|---|---|
| ECF | 1,12 | 1,13 | 1,07 | 1,08 | 2,20 | 1,43 | 1,66 |
| ECN | 1,12 | 1,15 | 1,13 | 1,18 | 1,29 | 1,15 | 1,55 |

### 2. E270

| E270 | Jour 0 | Mois 4 | Mois 8 | Mois 12 | Mois 16 | Mois 20 | Mois 24 |
|---|---|---|---|---|---|---|---|
| ECF | 0,14 | 0,20 | 0,11 | 0,15 | 0,26 | 0,24 | 0,30 |
| ECN | 0,14 | 0,22 | 0,13 | 0,23 | 0,16 | 0,19 | 0,30 |

En général, il se dégage de ces courbes qu'indépendamment du temps et du type de stockage (fruits ou noix), l'extinction spécifique à 232 nm des huiles obtenues demeure inférieure à 3,50, valeur maximale admise pour l'huile d'olive vierge [29]. A 270 nm, les valeurs maximales des huiles extraites sont toutes inférieures à 0,30 : valeur limite dans le cas de l'huile d'argane extra vierge SNIMA et aussi de l'huile d'olive vierge [29]

Donc le stockage des fruits et noix pendant 24 mois n'influence pas significativement sur l'extinction spécifique en UV à 232 et 270 nm.

### 3.2.4 Stabilité oxydative

Pour évaluer la qualité des huiles et graisses alimentaires, il convient d'évaluer de façon rapide et simple, la stabilité et la durabilité des produits.

Le principe du Rancimat consiste à vieillir prématurément les huiles et graisses par décomposition thermique. Les produits de dégradation apparaissant sont expulsés par un courant d'air et transférés dans la cellule de mesure remplie d'eau distillée. Le temps d'induction est déterminé par conductimètre. L'évaluation est effectuée de façon entièrement automatique.

Pour déterminer la stabilité oxydative des huiles extraites, on a réglé le Rancimat à une température de 110°C et un débit d'air de 19,8L/h ; les résultats obtenus sont regroupés dans le tableau suivant :

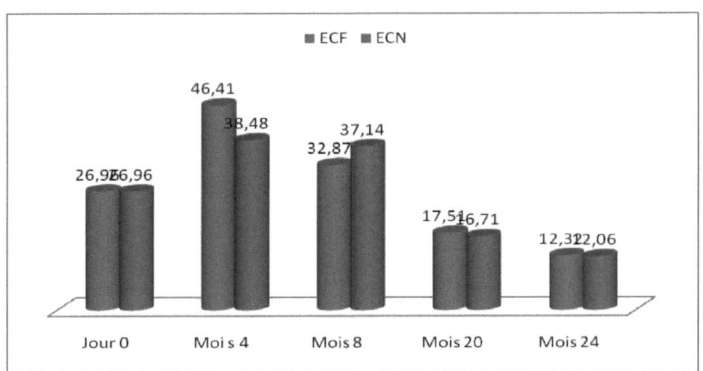

**Figure.18 :** *Evolution du temps d'induction en fonction de la durée de stockage des fruits et des noix de l'arganier.*

Durant les 4 premiers mois de stockage, nous avons enregistré une augmentation du temps d'induction, de 26,96 h à 46,41h pour le stockage des fruits et à 38,48h pour les noix : cette augmentation est probablement due à la formation de nouveaux antioxydants, tels que les polyphénols et les tocophérols. Après le $4^{ème}$ mois de stockage on a observé une diminution du temps d'induction, jusqu'à 12,32 h pour les fruits et 12,06 h pour les noix. La longue durée de stockage a causé l'oxydation de l'huile extraite.

L'huile d'argane est riche en tocophérol, et surtout le gamma tocophérol qui est le meilleur antioxydant selon Judde et al [31] et joue un rôle très important à coté des autres tocophérols et polyphénols pour retarder la réaction d'oxydation et offre à l'huile d'argane une longue durée de stabilité.

D'après ces résultats on pourrait dire que la longue durée de stockage entraine la diminution de la stabilité oxydative de l'huile.

**3.2.5 Composition en Acides gras:**

La composition en acides gras des différentes huiles a été déterminée après méthylation de l'huile et analyse des esters méthyliques par chromatographie en phase gazeuse sur colonne capillaire. Le tableau suivant regroupe les résultats obtenus pour les huiles obtenues à partir des fruits et noix stockés de 0 à 24 mois.

**Tableau.10** : *Evolution de la composition en acides gras en fonction de la durée de stockage des fruits et de noix de l'arganier.*

1. ECF

|  | Jour 0 | Mois 4 | Mois 8 | Mois 12 | Mois 16 | Mois 20 | Mois 24 |
|---|---|---|---|---|---|---|---|
| A oléique | 47,3 | 46,9 | 46,3 | 46,5 | 47,5 | 47,6 | 47,6 |
| A linoléique | 30,1 | 30,4 | 30,7 | 31,6 | 31,2 | 31,2 | 31,4 |
| A Palmitique | 16,3 | 15,5 | 14,3 | 14,3 | 14,5 | 14,2 | 14,2 |

2. ECN

|  | Jour 0 | Mois 4 | Mois 8 | Mois 12 | Mois 16 | Mois 20 | Mois 24 |
|---|---|---|---|---|---|---|---|
| A oléique | 47,3 | 46,9 | 46,3 | 46,4 | 47,4 | 47,8 | 47,6 |
| A linoléique | 30,1 | 30,8 | 31,3 | 31,7 | 31,2 | 31,4 | 31,4 |
| A Palmitique | 16,3 | 15,3 | 14,7 | 14,6 | 14,5 | 13,9 | 14,0 |

Il ressort de ces résultats que le stockage pendant 24 mois des fruits et des noix n'a pas une grande influence sur la composition en acides gras de l'huile d'argane extraite. Toutes les huiles extraites restent toujours dans la Norme SNIMA (acide oléique (C18:1 n-9) 43,0-49,1 et acide linoléique (C18:2 n-6) 29,3-36,0).

## 3.3 Conclusion :

Les résultats obtenus montrent que le stockage des fruits et des noix pendant 24 mois ne nuit pas à la qualité de l'huile extraite, en se basant sur l'acidité qui ne dépasse pas 0,51 % ; l'indice de peroxyde qui ne dépasse pas 7,16 (meq d'$O_2$/kg), l'extinction spécifique à l'UV à 232 et 270 nm ne dépassant pas 1,7 et 0,3 respectivement et un Rancimat indiquant une durée de 12h. Par contre la composition en acides gras ne change pas avec la durée de conservation.

Alors on peut conclure que la durée de vie des fruits et des noix dépasse 24 mois, et on constate qu'il n'y a pas de différence entre le stockage des noix et des fruits pendant 24 mois.

## 4. Dépulpage des fruits de l'arganier

### 4.1 INTRODUCTION :

L'opération de dépulpage consiste à séparer la pulpe de la noix. C'est une méthode nécessaire avant de concasser les noix pour obtenir l'amandon qui contient l'huile. La pulpe obtenue est destinée pour l'alimentation des bétails, surtout les chèvres, premières consommatrices de la pulpe.

*Figure.19 : Des chèvres sur l'arganier.*

L'opération de dépulpage peut se faire par les chèvres. Ces dernières mangent les fruits sur l'arbre ou tombées par terre ; à la nuit ils régurgitent les noix ; Cette méthode donne des noix sales, car ils entrent en contact avec les excréments de la chèvre. L'huile obtenue à partir de ces amandons a une odeur très forte de l'animal.

Cette opération se fait aussi manuellement par les femmes après le séchage des fruits. En effet, avant le séchage les fruits frais contiennent du latex qui rend l'opération plus difficile. Le dépulpage se fait à l'aide de deux pierres, l'une sert de support et l'autre joue le rôle de marteau, mais cette étape est épuisante pour les femmes et prend beaucoup de temps.

*Figure.20 : Dépulpage manuel des fruits de l'arganier.*

Le dernier type de dépulpage est le dépulpage mécanique, cette méthode est apparue à la fin de l'année 90, et permet aux femmes des coopératives de gagner beaucoup de temps et de fournir moins d'efforts.

Figure.21 : Dépulpage mécanique des fruits de l'arganier.

**4.2 RESULTATS ET DISCUSSION :**

Pour nos essais le dépulpage se fait mécaniquement à l'aide d'une dépulpeuse conçue spécialement pour cette opération.

Nous n'avons pu tester qu'une seule dépulpeuse. Elle est de fabrication locale. (SMIR Technotour, Agadir).

Le travail de la machine consiste à séparer la pulpe de la noix. Cette séparation est suivie du triage qui consiste à son tour de trier la noix de la pulpe.

**Figure.22 : Dépulpeuse mécanique utilisé au cours de cette étude.**

L'opération de dépulpage est la première opération de l'extraction de l'huile. Les coopératives dépulpent les fruits soit après séchage soit après stockage ; pour ce faire nous avons étudié l'effet du séchage, du stockage et du type de fruits sur le rendement du dépulpage.

**4.2.1 Dépulpage en fonction de la durée de séchage :**

Les fruits frais récoltés sont mis à sécher à l'air libre. Après chaque semaine un prélèvement de 12 kg est effectué pour un essai de dépulpage. Les résultats obtenus sont regroupés dans le tableau 11 :

**Tableau 11 : Dépulpage en fonction de la durée de séchage :**

| Durée de séchage par Semaine | Masse des fruits (kg) | M.F.N.D (kg) | Masse des noix (kg) | Rendement % |
|---|---|---|---|---|
| 1 | 12 | 3,5 | 5 | **71** |
| 2 | 12 | 2,2 | 5,8 | **81** |
| 3 | 12 | 2,2 | 5,9 | **82** |

MFND : Masse des fruits non dépulpé.

Le rendement de dépulpage est calculé par la formule suivante :

Rdt = (masse totale des fruits – masse des fruits non dépulpés)/ masse totale des fruits.

D'après les résultats obtenus on peut conclure que, les fruits qui sont bien séchés sont facilement dépulpés : cela est dû à la diminution de la teneur en eau de la pulpe. En effet, l'eau de la pulpe ajoutée au latex rend cette opération difficile. Un long séchage rend la pulpe craquante et facile à enlever même à la main.

### 4.2.2 DEPULPAGE EN FONCTION DU STOCKAGE

**1. Dépulpage directement après la sortie du stock.**

Dans le chapitre précèdent on a vu que le stockage des fruits peut dépasser 24 mois, et que les fruits extraits avant 4 mois de stockage sont les meilleurs, mais les coopératives ne peuvent pas extraire toute leur réserve en 4 mois, alors un stockage est nécessaire, puisque l'huile extraite reste extra vierge.

Le stockage des fruits augmente l'humidité de la pulpe ce qui a sûrement une influence sur l'opération de dépulpage.

Le tableau 12 représente les résultats de dépulpage après la sortie du magasin de stockage.

**Tableau 12: Résultats de dépulpage après la sortie du magasin de stockage.**

| Masse des fruits (kg) | Temps (min) | M.F.N.D (kg) | Masse des noix (kg) | Rendement % |
|---|---|---|---|---|
| 32,5 | 11 | 13 | 11,4 | **40** |

Le rendement moyen est de 40 % : Ce rendement faible est dû à l'eau contenue dans la pulpe et par conséquent un séchage avant le dépulpage est primordial.

3. **Fruits dépulpés après une journée de séchage** :

Les fruits sorties du magasin de stockage ont une humidité élevée par rapport aux fruits sécs, alors un séchage est nécessaire avant le dépulpage. Pour ce faire nous avons séché les fruits pendant une journée. Le dépulpage a été effectué le lendemain, on a trouvé les résultats suivants :

**Tableau 13: Résultats de dépulpage après une journée de séchage.**

| Masse de fruit (kg) | Temps (min) | M.F.N.D (kg) | Masse de noix (kg) | Rendement % |
|---|---|---|---|---|
| 26.1 | 12 | 5.5 | 11.2 | **79** |
| 34.8 | 18 | 6.8 | 15.5 | **80** |

Les résultats obtenus nous ont permis de conclure que le séchage augmente le rendement du dépulpage, qui passe de 40% à 80%, la durée moyenne est de 15mn. La durée moyenne pour dépulper 100 kg est de 50 mn.

Le problème rencontré est le triage qui n'est pas efficiente. Alors on a calculé le temps de triage :

**Tableau 14 : la durée de triage des noix de la pulpe**

| Masse des fruits (kg) | Temps de dépulpage | M.F.N.D (kg) | Masse de Noix (kg) | Temps de triage |
|---|---|---|---|---|
| 18,5 | 9 min 20 | 3.2 | 9.1 | 16 min 25 |
| 19,8 | 9 min 30 | 3.2 | 10 | 23 min |

MFND : Masse des fruits non dépulpé.

D'après ces résultats on observe que le temps de triage est presque le double du temps de dépulpage, ce qui nécessite une mécanisation de cette opération pour gagner plus de temps.

### 4.2.3 DEPULPAGE EN FONCTION DE TYPE DES FRUITS (GAULES ET NON GAULES)

#### 1. Fruits collectés par terre : (non gaulés)

Fruits récoltés et non gaulé par les femmes : méthode normale de récolte, les fruits séchés sur le toit pendant 26 jours, puis dépulpés par machine.

Les résultats obtenus sont regroupés dans le tableau 15 :

**Tableau.15: Résultats de dépulpage des fruits non gaulé.**

| Masse de fruit (kg) | 24,2 |
|---|---|
| Temps de dépulpage | 15 min 14 s |
| Masse de la pulpe (kg) | 7,3 |
| Temps de triage à la main | 15 min 30 s |
| Masse de FND (kg) | 5,4 |
| Rendement % | **77,4** |

*Figure.23 : Fruits non gaulés*

D'après les résultats obtenus, Le dépulpage des fruits non gaulés donne un rendement normal, et en accord avec les résultats obtenus précédemment.

#### 2. FRUITS OBTENUS PAR GAULAGE

Les Fruits gaulés sont les fruits tombés par des pierres ou des cannes utilisés par les collecteurs des fruits d'argane. C'est une méthode interdite par la législation forestière car elle détruit les fleurs donnant les fruits de l'année suivante.

Les fruits étudiés sont gaulés et séchés sur le toit pendant 26 jours, puis dépulpés par la même machine que ci-dessus.

Les résultats obtenus sont regroupés dans le tableau 16 :

**Figure.24 : Fruits gaulés.**

*Tableau.16: Résultats de dépulpage des fruits gaulé.*

| Masse des fruits (kg) | 28,3 |
|---|---|
| Temps de dépulpage | 18 min 50 s |
| Masse de la pulpe (kg) | 6,4 |
| Temps de triage à la main | 35 min 30 s |
| Masse de FND (kg) | 13,2 |
| Rendement % | **53,3** |

Ce type de fruits est difficile à dépulper, même par le dépulpage manuel. La pulpe de ces fruits est dure et n'est pas croquante comme la pulpe des fruits non gaulés. Le rendement moyen de dépulpage est faible, et l'opération devient épuisante et demande beaucoup de temps ce qui contraint les femmes à éviter le gaulage.

## 4.3 CONCLUSION :

Les fruits dépulpés directement après leur sortie du stock de matières premières sont plus humides, le rendement de dépulpage est entre 40 et 45 %.

Pour les Fruits dépulpés après une journée de séchage (séchés après la sortie du magasin de stockage), on obtient un rendement moyen de 80%. Ce rendement peut atteindre 95% si la température est élevée et si le séchage est prolongé.

Le problème rencontré pour la machine testée est le triage nécessaire après le dépulpage. En effet, dans la plus part des cas le pourcentage des fruits dépulpés est de 80%. Le reste des fruits non dépulpées doit être trié manuellement. Le temps de triage peut dépasser quelques fois 18 min pour 20 kg de fruits.

Les fruits gaulés sont difficilement dépulpés par le dépulpeur et le rendement moyen est de 51%.

Nous recommandons de dépulper en été et stocker les noix au lieu des fruits puisque cette opération n'affecte pas la qualité de l'huile d'argane. En cas d'achat de fruits, nous suggérons de sécher les fruits 2 à 3 jours avant le dépulpage.

## 5. Concassage des Noix des fruits de l'arganier

L'amandons de l'arganier est protégé par une coque dure, qui n'est pas facile à casser, alors à l'aide de deux pierres un servant de support et l'autre de marteau, les femmes cassent les noix pour en extraire l'amandon.

Le concassage des noix est l'étape la plus difficile et la plus longue, cette opération requiert plus que 60% du temps total de l'extraction de l'huile d'argane.

*Figure.25 : Concassage des noix par une femme.*

Cette étape est toujours faite manuellement par les femmes des coopératives, et sa mécanisation reste toujours posée, Les femmes souhaitent que cette étape reste manuelle et faite par elles, car autrement elles seront dépossédées de leur travail. Alors que les industriels préfèrent que cette étape soit mécanisée pour gagner plus de temps et minimiser le coût de production de l'huile.

Dans le but de calculer le temps nécessaire pour concasser 10 kg d'amandons, on a choisi 4 femmes de la coopérative pour mener cette opération.

Les résultats obtenus sont résumés dans le tableau 17 :

*Tableau 17: Durées de concassage des noix par les femmes.*

| Femmes | Masse de noix (kg) | Temps | Masse de la coque (kg) | Masse des Amandons (kg) |
|---|---|---|---|---|
| 1 | 10 | 6h15 | 8,7 | 1,2 |
| 2 | 10 | 6h20 | 8,7 | 1,2 |
| 3 | 10 | 6h26 | 8,3 | 1,2 |
| 4 | 10 | 6h41 | 8,7 | 1,1 |

La femme la plus lente a pu concasser les 10 kg de noix en 6h41min pour obtenir 1,190 kg d'amandons. La femme la plus rapide a pu le faire en 6h15 avec 1,240 kg d'amandons : la différence entre les deux femmes est de 26 min.

Alors d'après ces résultats, on peut conclure que le temps moyen pour concasser 10 kg de noix est de 6h25min.

On peut aussi conclure que le temps moyen nécessaire pour obtenir 1kg d'amandons à partir des noix du fruit de l'arganier est de 5h15min.

# 6. TORREFACTION DES AMANDONS DE L'ARGANIER

## 6.1 INTRODUCTION :

Pour obtenir une huile alimentaire, la torréfaction des amandons est nécessaire afin de donner à l'huile d'argane sa fameuse couleur d'or et son agréable odeur de noisette. Cependant cette torréfaction peut avoir une influence sur la qualité de l'huile.

A côté de son utilisation en cosmétique, l'huile d'argane est d'abord une huile alimentaire.

L'intérêt alimentaire de l'huile d'argane repose en partie sur sa très forte teneur en acides gras insaturés dont l'impact positif sur la santé humaine est bien connu.

La consommation régulière d'huile d'argane constitue donc une source privilégiée en acides gras essentiels (acide linoléique en particulier). Elle a des effets particulièrement bénéfiques sur le système cardiovasculaire en diminuant le taux de cholestérol circulant. La consommation de l'huile d'argane prévient donc l'athérosclérose.

La forte teneur en agents antioxydants (tocophérols, tocotrienols, polyphénols), phytostérols et triterpène dans l'huile d'argan alimentaire est aussi une source de bienfaits. L'huile d'argane est fréquemment classée parmi les nutraceutiques (ou aliments fonctionnels), familles de composés alimentaires dont la consommation régulière procure une amélioration générale de l'état de santé des consommateurs.

L'influence de la torréfaction sur la qualité des huiles est très controversés, certains chercheurs [32- 35] ont rapporté que la composition chimique de l'huile est indépendante de la température de torréfaction, d'autres ont relaté que la torréfaction influence la composition de l'huile :

Yazdanpanah et al [36] ont trouvé que la torréfaction de pistache a diminué la teneur en aflatoxine sur des échantillons contaminés,

In-hwan kim et *al* [37] ont observé des changements dans la composition d'huile des germes de riz à différentes températures et temps de torréfaction, à l'exception des acides gras et γ-oryzanol,

Anjum et al [38] ont trouvé qu'au cours de la torréfaction des graines de tournesol le pourcentage de l'acide oléique augmente, par contre l'acide linoléique diminue, la teneur en tocophérols a également diminue par conséquence la diminution de la stabilité oxydative de l'huile extraite.

A notre connaissance, une seule étude a été faite sur l'effet de torréfaction sur l'huile d'argane, celle de Charrouf et al [39] qui traite l'influence de la torréfaction sur les substances volatiles de l'huile d'argane,

**Figure.26 : Torréfacteur utilisé au cours de cette étude.**

Le but de ce travail est d'étudier l'influence de la torréfaction des amandons sur la qualité en se basant sur les propriétés physico-chimiques, la composition chimique de cette huile (acide gras, stérol, tocophérol ….) et sur sa stabilité oxydative.

### 6.2 RESULTATS ET DISCUSSION

Les huiles étudiées sont réparties en quatre lots, suivant le temps de torréfaction des amandons, à savoir l'huile de presse provenant des amandons non torréfiées, et les huiles de presse provenant des amandons torréfiées pendant 15, 30 et 45 min, la température de torréfacteur est réglé à 110°C.

### 6.2.1 Teneur en eau et matieres volatiles

La teneur en eau et en matières volatiles des huiles, facteur important d'hydrolyse a été déterminé.

*Tableau.18: Evolution de la teneur en EMV en fonction de la durée de torréfaction des amandons de l'arganier*

| Durée /min | 0 | 15 | 30 | 45 |
|---|---|---|---|---|
| % EMV | 0,117± 0,003 | 0,102± 0,003 | 0,085± 0,007 | 0,047± 0,003 |

Les résultats montrent que cette teneur en EMV diminue en fonction du temps de la torréfaction, les taux varie entre (0,047 % à 0,117 %) sont trop faibles et confirment la faible acidité des huiles.

### 6.2.2 Influence de la Torrefaction sur la qualite de l'huile
#### 1. Activité d'eau

L'activité de l'eau ($A_w$) est qu'elle est un facteur critique qui détermine la durée de conservation des produits alimentaires. Plusieurs facteurs peuvent influencer la durée de la conservation et la qualité d'un aliment, comme la température, le pH …etc. L'activité de l'eau reste le facteur le plus important en effet la plupart des bactéries ne croissent pas pour des valeurs de l'activité de l'eau ($a_w$) inférieures à 0,91. De même pour des moisissures qui cessent de se développer quand l'activité de l'eau est inférieure à 0,80. D'ou la nécessité de mesurer l'activité de l'eau des produits alimentaires. Ce faisant, il est possible de prévoir les micro-organismes, source potentielle de détérioration de la qualité d'un produit.

En plus d'influencer la détérioration microbienne, l'activité de l'eau peut jouer un rôle significatif dans la détermination de l'activité des enzymes et des vitamines des aliments. Elle peut également avoir un impact important sur la couleur, le goût et l'arôme d'un aliment.

*Tableau.19: Evolution de l'activité de l'eau en fonction de la durée de torréfaction des amandons de l'arganier*

| Durée /min | 0 | 15 | 30 | 45 |
|---|---|---|---|---|
| $a_w$% | 35 ± 3 | 29 ± 1 | 29 ± 1 | 29 ± 1 |

Les résultats du tableau 19 montrent clairement que l'Aw diminue avec le temps de la torréfaction la valeur rencontré pour HPNT (35%), ne permet ni au microbe ni à la moisissure à se développer, idem pour les autres huiles dont la valeur est stable à (29%).

## 2. ACIDITÉ

L'acidité de l'huile d'argane non torréfiée est de 0,151. Le prolongement de la torréfaction provoque une légère augmentation de l'acidité à 45 min. Notre résultat est en accord avec celui trouvé par Anjum et al (38) et Yoshida et al (40) ces auteurs relatent que l'acidité augmente avec le temps de torréfaction.

*Tableau.20 : Evolution de l'acidité en fonction de la durée de torréfaction des amandons de l'arganier.*

| Durée /min | 0 | 15 | 30 | 45 |
|---|---|---|---|---|
| Acidité | 0,151 ± 0,001 | 0,151 ± 0,002 | 0,158 ± 0,002 | 0,227 ± 0,003 |

L'augmentation de l'acidité par la durée de la torréfaction peut être attribuée à l'hydrolyse des TAG et des DAG pour produire les acides gras libres. Cette hypothèse est corrobore avec les travaux sur l'arachide et le sésame (41;42;43). Fukuda (44) a rapporté que les huiles de sésame torréfiées ont des acidités supérieures à celle des huiles non-torréfiées.

Malgré cette légère augmentation de l'acidité, l'huile reste toujours une huile extra vierge.

## 3. INDICE DE PEROXYDE

Les résultats du tableau 21 montrent que l'indice de peroxyde augmente avec le temps de torréfaction des amandons, l'huile non torréfié à un IP de 0,78 meq $O_2$/kg, celles torréfié à 15, 30 et 45 ont respectivement des IP de 1,22, 1,70 et 3,09 meq $O_2$/kg, ce résultat est relaté dans la littérature par Yoshida pour les graines d'arachide [41] et aussi de sésame [43,45].

*Tableau.21 : Evolution de l'indice de peroxyde en fonction de la durée de torréfaction des amandons de l'arganier.*

| Durée /min | 0 | 15 | 30 | 45 |
|---|---|---|---|---|
| I de peroxyde (meq $O_2$/kg) | 0,78± 0,04 | 1,22± 0,03 | 1,70± 0,07 | 3,09± 0,04 |

Même après 45 min de torréfaction l'IP n'atteint pas 4 milliéquivalents d'oxygène actif par kilogramme. Cette valeur obtenue reste inférieur aux valeurs limites indiquées pour une huile d'argane vierge extra par SNIMA [24]. Ces valeurs sont en faveur d'un bon état de l'huile.

### 4. EXTINCTION SPECIFIQUE

*Tableau.22 : Evolution de l'extinction spécifique à 232 et 270 nm en fonction de la durée de torréfaction des amandons de l'arganier*

| Durée /min | 0 | 15 | 30 | 45 |
|---|---|---|---|---|
| E232 | 1,10± 0,08 | 1,23± 0,02 | 1,45± 0,00 | 1,36± 0,02 |
| E 270 | 0,20± 0,00 | 0,22± 0,02 | 0,27± 0,04 | 0,31± 0,01 |

Les extinctions spécifiques en UV à 232 et 270 nm qui reflètent la détérioration oxydative et la pureté de l'huile [46] est de 1,1 et 0,2 pour l'huile non torréfiée. Après torréfaction, l'huile produite montre une légère augmentation des valeurs d'E232 et 270, due à la formation des diènes et triènes conjugués au cours de la torréfaction. Des résultats similaires ont été relatés par Megahed et al[47] ; en revanche Yoshida [48] a remarqué que la torréfaction diminue la formation des diènes et trienes conjugués.

### 5. INDICE DE REFRACTION

La détermination de l'indice de réfraction sert, en général, à effectuer une vérification rapide et fiable de la pureté d'une substance.

*Tableau.23 : Evolution de l'indice de réfraction en fonction de la durée de torréfaction des amandons de l'arganier.*

| Durée /min | 0 | 15 | 30 | 45 |
|---|---|---|---|---|
| I.ref | 1,4709 | 1,4712 | 1,4713 | 1,4713 |

L'indice de réfraction, comme la densité dépend, soit de la composition chimique de l'huile ou de sa température. Il croît avec l'instauration et la présence sur les chaînes grasses de fonctions secondaires.

L'indice de réfraction a été déterminé à 20°C. Les résultats sont groupés dans le tableau 23. Cet indice varie très peu (1,4713 et 1,4709).

Ces résultats montrent que la torréfaction n'a pas d'influence sur l'indice de réfraction.

Selon la Norme SNIMA l'indice de réfraction (à 20 °C) est compris entre 1,463 et 1,472.

### 6.2.3 RANCIMAT

L'étude de la conservation des huiles provenant des amandons torréfiées et non torréfiées a été menée au Rancimat. Cet appareil permet de déterminer le temps de dégradation d'une huile soumise à des conditions drastiques de température (110 °C) et de pression d'air de 20L/h. Les résultats sont représentés dans le tableau 24 :

*Tableau .24 : Evolution de Rancimat en fonction de la durée de torréfaction des amandons de l'arganier.*

| Durée /min | 0 | 15 | 30 | 45 |
|---|---|---|---|---|
| Rancimat/h | 18,0± 0,4 | 28,7 ± 0,3 | 37,9 ± 0,2 | 31,4 ± 0,3 |

Pour étudier la stabilité oxydative de l'huile, un test Rancimat a été effectué pour les huiles provenant des amandons non torréfiées : la valeur obtenue est de 17,7h ; cette valeur augmente quand le temps de torréfaction passe de 15 à 30 min ; mais on constate une légère diminution au bout de 45 min.

Les huiles des amandons torréfiées sont plus stables que les amandons non torréfiées. Cela est en accord avec les résultats trouvés par Ten et Shyn [49] pour l'huile de sésame. Cette stabilité oxydative des huiles d'argane torréfiées est due probablement aux produits d'une réaction non enzymatique qui se forment au cours du processus de torréfaction. Ces produits sont appelés produits de la réaction de Maillard issus d'une interaction entre les protéines et les sucres réducteurs (figure 27). Ces produits présentent une très forte activité anti oxydante [50, 51, 52].

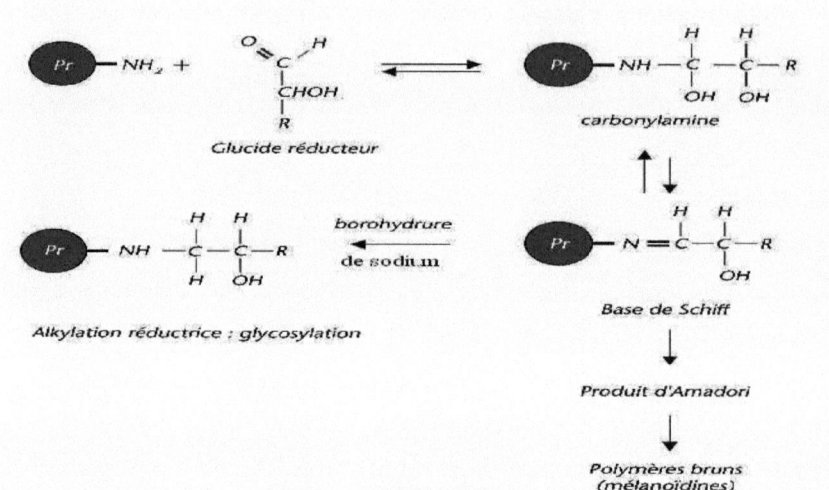

**Fig.27 : Réaction de Maillard**

Mais si la torréfaction dure plus de 30 min, la stabilité commence à diminuer. Cela peut être dû à la dégradation des produits anti oxydants.

### 6.2.4 INFLUENCE DE TORREFACTION SUR LA COMPOSITION CHIMIQUE
#### 1. COMPOSITION EN ACIDES GRAS

La composition en acides gras des différentes huiles a été déterminée après transformation de l'huile en esters méthyliques et analyse par chromatographie en phase gazeuse sur colonne capillaire. Le tableau 25 regroupe les résultats obtenus pour les 4 échantillons.

**Tableau. 25 : Evolution de la composition en acides gras en fonction de la durée de torréfaction des amandons de l'arganier.**

| Durée /min | 0 | 15 | 30 | 45 | SNIMA |
|---|---|---|---|---|---|
| Acide Palmitique | 12,8 | 12,5 | 11,6 | 11,6 | 11,5-15,0 |
| Acide Stéarique | 4,9 | 5,1 | 5,2 | 5,2 | 4,3-7,2 |
| Acide Oléique | 46,8 | 46,7 | 47,6 | 47,6 | 43,0-49,1 |
| Acide linoléique | 33,8 | 34,4 | 33,8 | 34,3 | 29,3-36,0 |

La composition chimique en acide gras d'une huile peut être un indicateur de sa stabilité, sa propriété physique et sa valeur nutritionnel.

Il ressort de ces résultats que la torréfaction n'a pas une grande influence sur la composition en acides gras de l'huile d'argane. Ces résultats sont en accord avec ceux trouvés par Yen [53] et Kim [54]. Les quatre huiles restent toujours dans la norme SNIMA (acide oléique (C18:1 n-9) 43,0-49,1 et acide linoléique (C18:2 n-6) 29,3-36,0)

## 2. COMPOSITION EN PHOSPHORE:

Le phosphore rencontré dans les huiles végétal provient des phospholipides, pour déterminer sa teneur dans l'huile extraite, nous avons suivi la méthode vanadomolybdique de dosage calorimétrique du phosphore dans le corps gras d'origine animale et végétale, cette méthode nous a permis de tracer un courbe d'étalonnage (figure 13)

**Tableau.26 : Evolution de la teneur en phosphore en fonction de la durée de torréfaction des amandons de l'arganier.**

| Durée /min | 0 | 15 | 30 | 45 |
|---|---|---|---|---|
| Phosphore (ppm) | 24,2 ± 0,8 | 118,2 ± 0,5 | 166,0 ± 0,5 | 172,3 ± 0,7 |

La lecture du tableau 26 montre une différence significative entre la valeur de la teneur en phosphore pour l'huile d'argane non torréfiée et celle torréfiée : on constate que l'augmentation du temps de torréfaction augmente la teneur en phosphore. En effet, les huiles torréfiées pendant 15 ; 30 et 45 min ont une teneur en phosphore de 118 ; 165 et 171 respectivement, alors que la teneur en phosphore de l'huile non-torréfiée est de 24,2 ppm. Veldskin et al (55) a rapporté que la teneur en phosphate de colza et tournesol augmente avec le temps de torréfaction, Clark et Syder (56) ont aussi rapporté qu'avec un traitement à température élevée, une grande quantité de phosphore est extraite, et nos résultats confirment cette observation.

Les phospholipides en synergie avec les tocophérols présents dans les huiles végétales, présentent un effet antioxydant très intéressant connu depuis de nombreuses années. Il a été démontré par des données dans une étude récente [38]. L'augmentation du phosphore avec la torréfaction a augmenté la stabilité de l'huile d'argane, ceci prouve le rôle antioxydant que peuvent jouer les phospholipides en synergie avec les tocophérols.

### 3. INDICE DE COULEUR:

La détermination de la couleur est effectuée par un colorimètre Lovibond PFX 995 Tintomètre.

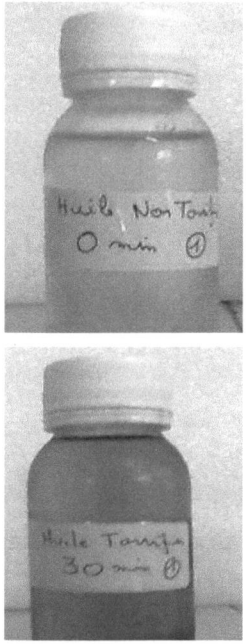
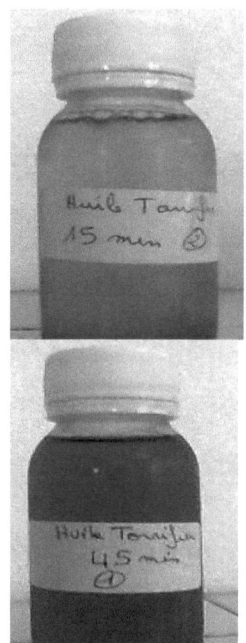

**Figure.28 : Huile de presse selon la durée de torréfaction des amandons de l'arganier.**

La coloration des huiles est influencée par le prolongement de la durée de torréfaction. L'évolution de l'indice de couleur de l'huile d'argane préparée à partir des amandons torréfiées et non torréfiées pendant différentes durées est illustrée sur le tableau 27.

*Tableau.27 : Evolution de l'indice de couleur en fonction de la durée de torréfaction des amandons de l'arganier.*

| Durée /min | 0 | 15 | 30 | 45 |
|---|---|---|---|---|
| Indice de couleur | 24 ± 0,5 | 12 ± 0,0 | 7 ± 0,3 | 4 ± 0,3 |
| Indice de jaune | 8,5 ± 0,1 | 6,5 ± 0,2 | 9,7 ± 0,0 | 14,3 ± 0,2 |
| Indice de rouge | 1,8 ± 0,0 | 2,1 ± 0,1 | 2,6 ± 0,0 | 3,3 ± 0,1 |

On observe l'augmentation de la substance brune avec le temps de torréfaction, ce qui provoque l'augmentation de l'absorbance à 420 nm.

La couleur de l'huile d'argane change graduellement du jaune avant la torréfaction au brun après la torréfaction. Ce changement de couleur est influencé par le temps de torréfaction.

La formation des produits chimiques à l'origine de la coloration brune est le résultat de la réaction non enzymatique de type Maillard entre les sucres et les protéines [57]

Nos résultats sont en accord avec la littérature. En effet des études ont montré que l'augmentation de la durée de torréfaction des graines comme les germes de riz et graines de sésame intensifie la couleur de l'huile [53, 54].

### 4. COMPOSITION EN BENZO[α]PYRÈNE

Le benzo[a]pyrène est un hydrocarbure aromatique polycyclique. On le retrouve dans certain huile végétal et peut être obtenue par une contamination par un processus.

La torréfaction des amandons de l'arganier pourrait produire le benzo[α]pyrène qui se forme au cours de la combustion des matières organiques et qui est un produit chimique cancérigène [58].

| Durée /min | 0 | 15 | 30 | 45 |
|---|---|---|---|---|
| Benzo(α)pyrene (ppb) | 0,29 | 0,45 | 0,42 | 0,33 |

Le taux du benzo[α]pyrène dans nos échantillons, est inférieur à 2 µg/kg qui est la valeur maximale autorisée par le règlement en vigueur, cela Suggéré que la torréfaction des amandons de l'arganier ne produit pas des quantités significatives de benzo[α]pyrène.

## 5. COMPOSITION EN STÉROL

La composition des stérols des différents échantillons d'huile d'argane a été déterminée par chromatographie en phase gazeuse après silylation de la fraction stérolique. Cette dernière est obtenue par fractionnement de l'insaponifiable de l'huile d'argane par HPLC sur une phase normale.

La fraction stérolique de l'huile d'argane est composée principalement de spinastérol et du schotténol. Ce sont des Δ-7 stérols, qu'on rencontre rarement dans les huiles végétales.

Le tableau 28 présente les principaux stérols de l'huile d'argane en fonction de la durée de torréfaction des amandons.

*Tableau.28 : Evolution de la composition en stérols en fonction de la durée de torréfaction des amandons de l'arganier.*

| Durée /min | 0 | 15 | 30 | 45 |
|---|---|---|---|---|
| Stigmasta-8,22-diene-3β-ol % | 2,7 | 4,0 | 4 | 3,9 |
| Spinastérol % | 39,4 | 38,7 | 39 | 39,6 |
| Schotténol % | 46,7 | 47,4 | 47,7 | 46,9 |
| Δ7 avénastérol % | 4,4 | 3,5 | 3,6 | 4,4 |

Les résultats montre que la torréfaction n'influence pas significativement les stérols de l'huile d'argane, la différence entre les stérols majoritaire ne dépasse pas 1%.

## 6. COMPOSITION EN TOCOPHÉROL

Les tocophérols ont été analysés par HPLC sur une colonne en phase normale, directement à partir de l'huile sans saponification. Cette méthode a la particularité de ne pas détruire les tocophérols. Le solvant d'élution est un mélange d'isooctane et isopropanol (99/1) et la détection se fait par un detecteur fluorimétrique. Ils ont été identifiés par comparaison de leur chromatogramme avec des témoins injectés dans les mêmes conditions. Leur quantification a été possible par l'usage de l'α-tocophérol (temoin exterieur). Les résultats obtenus sont groupés dans le tableau 29 :

**Tab.29 : Evolution de tocophérol en fonction de la durée de torréfaction des amandons de l'arganier.**

| total | 0 | 15 | 30 | 45 |
|---|---|---|---|---|
| mg/kg | 721,1 | 718,4 | 715,2 | 706,9 |

| Tocophérol | 0 | 15 | 30 | 45 |
|---|---|---|---|---|
| α | 41,9 | 43,7 | 44,5 | 42,7 |
| β | 2,7 | 3,0 | 3,1 | 3,3 |
| γ | 626,5 | 621,3 | 616,9 | 612,0 |
| δ | 49,8 | 50,3 | 50,6 | 48,7 |

L'huile d'argane est plus riche en tocophérol (597 à 775 mg/kg) que l'huile d'olive (50 à 150 mg/kg) et que l'huile de noisette (300 à 550 mg/kg) [59].

Les tocophérols ont une activité vitaminique E. Cette vitamine est un antioxydant puissant qui capture les radicaux libres et neutralise l'oxydation destructive [60].

Le tocophérol principal de l'huile d'argane est le gamma, qui est un antioxydant naturel. Le gamma tocophérol a un pouvoir antioxydant élevé [60] riche en gamma tocophérol, l'huile d'argane est un nutraceutique de grande valeur.

La torréfaction a augmenté la valeur d'alpha, beta et delta mais elle diminue la valeur de gamma qui est le tocophérol majoritaire de notre huile (626,5 mg/kg pour l'HPNT et 621,34 ; 616,96 et 612,03 pour l'huile torréfiée pendant 15;30 et 45 min respectivement).

Cette diminution entraine la diminution de tocophérol total de l'huile d'argane.

### 7. COMPOSITION EN POLYPHÉNOL

Les polyphénols sont des substances présentes dans la plupart des végétaux. Ils sont des métabolites secondaires exclusifs du monde végétal. Les polyphénols sont une famille de molécules dont les propriétés antioxydantes sont largement documentées. Les polyphénols, sont des composés réducteurs qui peuvent donc réagir avec un oxydant pour le neutraliser. Ils réduisent les radicaux libres et les complexes activés dangereux pour l'organisme ce qui protège les différents ingrédients des végétaux de l'oxydation.

Dans notre étude nous avons évalué la teneur des polyphénols dans les huiles d'argane. Pour ce faire nous avons tracé une courbe d'étalonnage avec l'acide gallique (Figure 29).

Cette courbe représente la variation de la densité optique en fonction de la concentration en acide gallique.

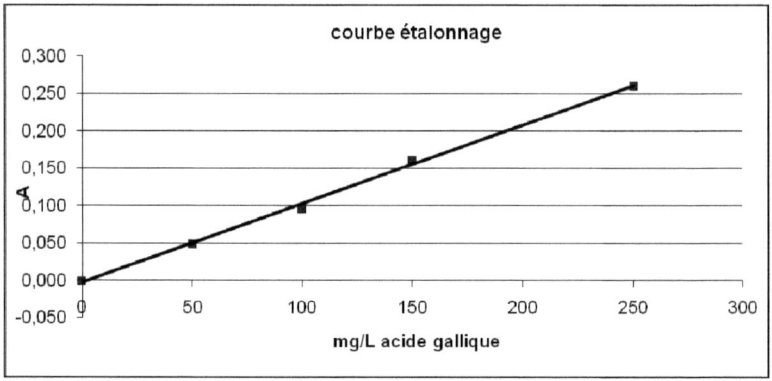

**Figure.29 : Courbe d'étalonnage**

*Tableau.30: Evolution des polyphénols totaux en fonction de la durée de torréfaction des amandons de l'arganier.*

|  | 0 min | 15 min | 30 min | 45 min |
|---|---|---|---|---|
| Polyphénol (ppm) | 33,5 ± 0,5 | 39,1 ± 0,5 | 42,4 ± 0,6 | 69,8 ± 0,4 |

Le tableau 30 montre que les polyphénols totaux, exprimées en équivalents d'acide gallique (g/100 g de poids sec) augmentent en fonction de la durée de torréfaction. Cette valeur passe de 33,5 ppm pour les HPNT à 69,8 ppm des amandons torréfier pendant 45 minutes. Cette augmentation de la teneur en polyphénol est probablement à l' origine de l'augmentation de la stabilité de l'huile d'argane en fonction de la torréfaction des graines. Cette augmentation est due probablement à la réaction de Maillard ou bien une libération des polyphénols associés aux parois au cours de la torréfaction.

### 6.2.5 TOURTEAU

La torréfaction influence aussi le tourteau ou le résidu de l'extraction de l'huile d'argane.

*Tableau.31 : Evolution du tourteau en fonction de la durée de torréfaction des amandons de l'arganier.*

|  | 0 min | 15 min | 30 min | 45 min |
|---|---|---|---|---|
| Humidité % | 5,19± 0,05 | 3,98± 0,04 | 3,15± 0,2 | 4,30± 0,1 |
| Matière grasse% | 7,97± 0,06 | 14,1± 0,1 | 17,2± 0,3 | 11,4± 0,1 |
| Cendre% | 4,65± 0,07 | 4,51± 0,01 | 4,23 ± 0,04 | 4,42± 0,03 |
| Protéine% | 46,5± 0,1 | 44,5± 0,3 | 43,3± 0,1 | 20,8± 0,9 |
| Cellulose% | 10,2± 0,3 | 13,4± 0,2 | 20,8± 0,2 | 12,4± 0,4 |

La teneur en humidité du tourteau des HPNT ne dépasse pas 5,19, valeur qui ne présentent pas un danger pour leur conservation, cette valeur diminue avec la torréfaction, mais on constate l'augmentation à 45 min qui peut être due à l'absorption de l'humidité après la longue durée de torréfaction.

La matière grasse résiduelle de tourteau augmente également avec la durée de la torréfaction. Ceci est dû au fait que les HPNT sont faciles à produire que les HPT. On constate aussi une diminution de la matière grasse résiduelle après 45 min de torréfaction. Ces différences sont peut être dues au réglage de la machine d'extraction.

Le teneur en cendres varie entre 4,23 et 4,65 une différence qui n'est pas significative, alors on peut dire que la torréfaction pendant 45 min n'a pas d'influence sur la teneur en cendre.

La torréfaction des amandons a une influence sur la teneur en protéine de façon significative.

Plus on torréfié plus on observe la diminution de la teneur en protéine, qui passe de 46,5 pour le tourteau des HPNT à 20,8 pour les HPT pendant 45 min. Cette perte peut être due à la réaction de Maillard qui fait réagir les amino-acide des protéines avec des sucres réducteurs au cours de la torréfaction, et on a pu observer l'effet de cette réaction au test Rancimat « augmentation de la durée de vie de l'huile » et lors de changement de couleur de l'huile après la torréfaction.

La valeur initiale de la cellulose avant la torréfaction était 10,2 avant d'augmenter a 13,4 après 15 min de torréfaction et atteint son maximum 20,8 après 30 min de torréfaction et diminuer enfin jusqu'au 13 après 45 min de torréfaction.

L'augmentation de la teneur en cellulose après 30 min de torréfaction est peut être due l'extraction de la cellulose à partir du lignocellulose à l'aide de la température de torréfaction, mais cette température jouera le rôle principale pour dégrader la cellulose en glucose après 45 min de torréfaction.

## 6.3 CONCLUSION

D'après les résultats obtenus, la torréfaction augmente l'acidité, l'indice de peroxyde, l'extinction spécifique à 232 et 270 nm, la teneur en phosphore, la teneur en polyphénol et la durée de conservation déterminé à l'aide du Racimat. Par contre la torréfaction diminue la Transmitance à 420 nm (qui est un indice de couleur), de même que la teneur en gamma tocophérol (tocophérol principal de l'huile d'argane).

La torréfaction pendant 45 min ne provoque pas l'augmentation du benzo($\alpha$)pyrène qui se forme au cours de la combustion des matières organiques.

Pour conclure on peut dire que la durée optimum pour torréfier les amandons est de 30 min.

# 7. STOCKAGE DES AMANDONS DE L'ARGANIER

## 7.1 INTRODUCTION :

La production d'huile d'argane se déroule en plusieurs étapes: après la récolte les fruits de l'arganier sont séchés au soleil, les fruits séchés sont dépulpés manuellement ou bien mécaniquement, les noix obtenues sont concassés à la main par les femmes, enfin l'huile est extraite par une méthode traditionnelle ou bien par machine. Si l'huile est en excès ou si on n'a pas de demandes d'huile sur le marché les amandons sont stockés pendant deux mois au maximum.

La plupart des études rencontrées dans la littérature sur l'arganier traitent de la composition chimique, l'intérêt nutritionnel, pharmacologique et cosmétique des produits de l'arganier, de l'agroforesterie et l'écologie. Très rares sont les études qui traitent de l'influence des facteurs extérieurs sur la qualité de l'huile, de l'influence de l'origine [61], et du mode d'extraction de l'huile d'argane, [62].

A notre connaissance aucune recherche n'a été entrepris sur les conditions de stockage et des matériaux d'emballage des amandons de l'arganier.

Dans la littérature, ce genre d'étude est très documenté, les graines les plus étudié sont les amandes [63;64], arachides [65] noix [66] soja [67;68]

Les changements associés au vieillissement des oléagineux au cours du stockage sont au niveau du contenu total des lipides, du profile d'acides gras, de la concentration en protéine, de l'activité des lipoxygénase, de l'hydroperoxyde et des tocophérols [69]. Plusieurs auteurs ont constaté que la durée de vie pourrait être prolongée si la peroxydation est réduite et que le taux d'antioxydant (comme les tocophérols) soit élevés [70].

La qualité des oléagineux peut se détériorer rapidement en raison de l'oxydation des lipides, due à la présence de l'"oxygène, de la lumière, de la température élevée, de l'humidité. La présence des enzymes et des traces de métaux et aussi un catalyseur de l'oxydation des lipides [71, 72, 73, 69], Outre ces facteurs exogène, la structure des acide gras, et principalement des doubles liaison influence l'oxydation des corps gras, le produit devient plus sensible à l'oxydation, les taux d'oxydation est environ 1, 10,100 et 200 pour 18:0; 18:1; 18:2;18:3 respectivement [74].

L'oxydation des lipides est à l'origine de la formation des odeurs indésirables et de la diminution de la qualité des oléagineux [75].

Afin de prévenir cette oxydation des techniques peuvent être utilisées comme l'utilisation de matériel d'emballage en verre opaque, modification d'atmosphère par injection de l'azote ou le stockage a des températures de basses [70].

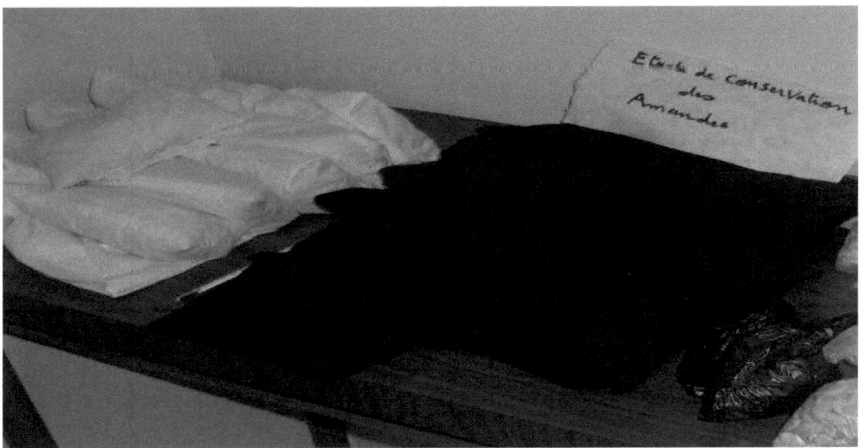

*Figure. 30 : Conservation des amandons à température ambiante*

Le but de ce travail est d'étudier l'effet de stockage des amandons de l'arganier sur le rendement et la qualité de l'huile d'argan.

### 7.2 RESULTATS ET DISCUSSION

Le stockage des amandons est effectué pendant 12 mois dans des sacs en tissu blanc (SBTA) et noire (SNTA) à température ambiante (entre 15–35 °C) et des sacs blancs à 4°C (S4C).

L'extraction de l'huile est effectuée par soxhlet et les différentes analyses ont été faites pour déterminer l'influence de stockage sur l'huile extraite.

### 7.2.1 EAU ET MATIERES VOLATILE (EMV)

Les teneurs en eau et matières volatiles ont été déterminées afin de connaitre la quantité d'eau contenue dans les amandons étant donné que l'eau constitue un risque majeur d'oxydation de l'huile [18]. Comme la teneur en eau et matières volatiles (EMV). Nous avons évalué ce facteur en fonction du temps.

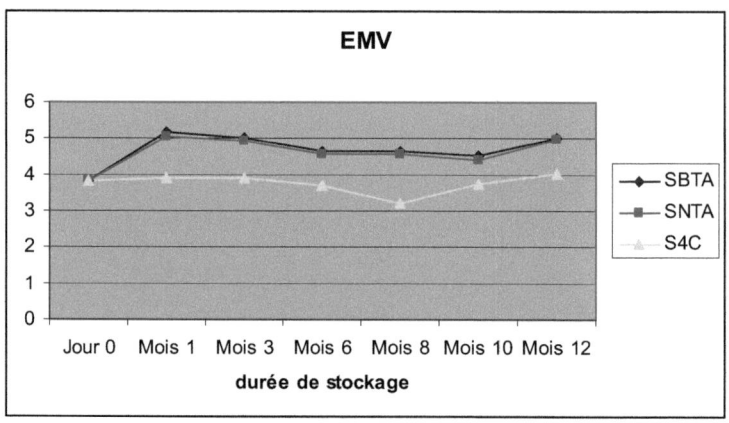

*Figure. 31 : Evolution d'EMV en fonction de la durée de stockage.*

Il ressort de cette analyse que la teneur en EMV des amandons au premier jour de stockage est de 3,8±0,2%. Au bout d'un mois de stockage l'humidité augmente jusqu'au 5% pour les SNTA et SBTA. Par contre l'augmentation de S4C est faible 3,9±0.2%. Cette augmentation est due à l'humidité élevée du milieu extérieur. Après 1 mois, la teneur en EMV reste stable au cours des 12 mois de stockage. Cette évolution semble être peu sensible à la lumière. En revanche la conservation à 4°C est n'a pas modifié la teneur EMV pendant le temps.

Dans tous les cas, la teneur en EMV des 3 type de stockage des amandons est inférieures à 8%, valeur suggérée pour un stockage en toute sécurité [27 ; 76 - 79].

### 7.2.2 RENDEMENT EN HUILE

Les variations de la teneur en huile, qui est la caractéristique la plus importante, ont été déterminées par l'analyse régulièrement effectuée sur les échantillons stockés dans les sacs blanc et noirs à température ambiante et des sacs blancs à 4°C. Les changements obtenus en fonction du temps sont présentés à la figure 32.

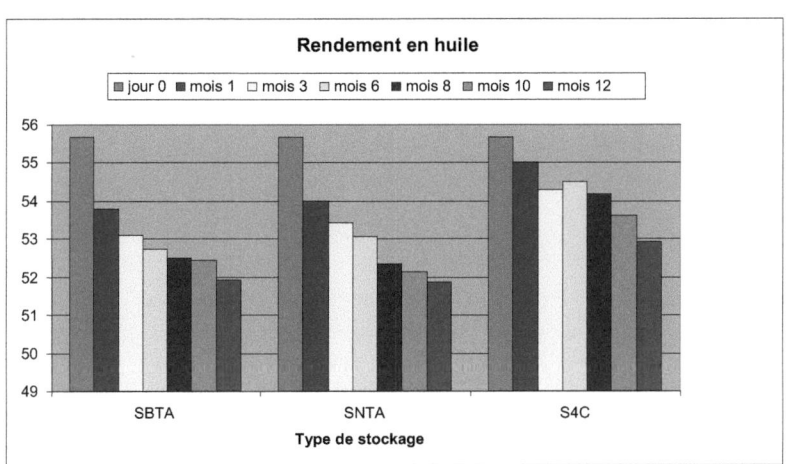

*Figure.32 : Evolution du rendement en fonction de la durée et du milieu de stockage*

Les résultats (figure 32) montrent que la conservation des graines dans des sacs blancs ou noirs à température ambiante et la conservation des sacs blancs à 4°C affectent légèrement le rendement de l'huile extraite. Le rendement n'est jamais au dessous de 51 % pour toute la durée.

Le teneur en huile des amandons conservé à 4°C varie peu par rapport au SNTA et SBTA, cela est dû à la stabilité du milieu de stockage et à la basse la température. Au cours des 12 mois la température reste stable, par contre la température des SNTA et SBTA a fluctué entre 15 et 35°C, selon le climat.

### 7.2.3 INFLUENCE DE STOCKAGE SUR LA QUALITE DE L'HUILE
**1. ACIDITE**

Les différentes huiles extraites sont analysé pour déterminer leurs propriétés physico-chimiques et la composition chimique.

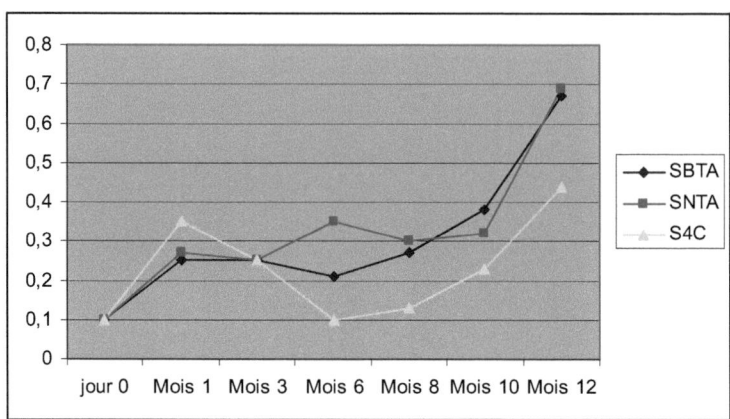

**Figure. 33 : Evolution de l'acidité en fonction du milieu et de la durée de stockage**

La figure 33 représente l'évolution de l'acidité des huiles extraites en fonction de la durée du stockage des amandons durant 12 mois.

Cette figure révèle une influence significative du temps de stockage des amandons, que ce soit à température ambiante ou bien à 4°C sur l'acidité de l'huile d'argane. L'acidité atteint un maximum de 0,67±0,01 ; 0,69±0,01et 0,44±0,05 pour SBTA, SNTA et S4C respectivement. Apres 12 mois de stockage

Il ressort des ces résultats qu'il est préférable que le stockage des amandons se faire à basse température. En effet l'augmentation de la température à corrélé l'humidité entraine l'hydrolyse des triglycérides et par la suite la libération des acides gras. Toute fois la valeur d'acidité pour toutes les huiles extraites n'atteint pas 0,8, valeur maximale recommandée par SNIMA pour les huiles d'argane extra vierges.

## 2. INDICE DE PEROXYDE

L'indice de peroxyde permet d'apprécier les premières étapes d'une détérioration oxydative de l'huile. Un indice de peroxyde élevé nous permettra de savoir si une huile ou des graines ont été stockées pendant une longue durée. Donc pour une étude de stockage, l'indice de peroxyde est important.

Les résultats obtenus pendant 12 mois de stockage des amandons sont groupé sur la figure 34 :

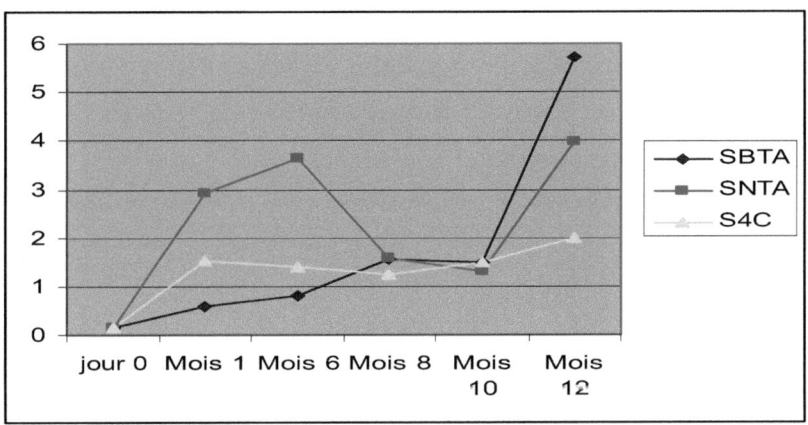

**Figure. 34 : Evolution de l'indice de peroxyde en fonction du milieu et de la durée de stockage**

L'indice de peroxyde a été déterminé à j=0 et après 1, 6, 8, 10 et 12 mois de stockage. Les résultats obtenus sont présentés dans la figure 34. On observe que l'indice de peroxyde des huiles de SNTA augmente de manière importante au cours du 6 mois, et diminue au $8^{ème}$ mois de stockage, les peroxydes formés, en raison de leur caractère très instable, sont complètement détruits au cours du stockage, mais il se forme encore après le $10^{ème}$ mois, alors que celui de SBTA reste presque constant tout au long de 10 mois, puis augmente significativement a une valeur maximale au $12^{ème}$ mois, pour le S4C, après l'augmentation de la $1^{er}$ mois, l'indice de peroxyde reste presque constant tout au long de 12 mois de stockage. Même aux valeurs maximales des indices de peroxyde de SBTA, SNTA et S4C les valeurs restent inferieures à la valeur recommandée par SNIMA pour l'huile d'argane vierge.

### 3. EXTINCTION SPECIFIQUE EN UV

Tous les corps gras naturels contiennent de l'acide linoléique en quantité plus ou moins importante, l'oxydation d'un corps gras conduit à la formation d'hydroperoxyde linoléique qui absorbe la lumière au voisinage de 232 nm.

Si l'oxydation se poursuit, il se forme des produits secondaires d'oxydation, en particulier des dicétones et des cétones insaturées qui absorbent la lumière vers 270 nm.

L'extinction spécifique à 232 nm et à 270 nm d'un corps gras peut donc être considérée comme une image de son état d'oxydation. Plus son extinction à 232 nm est forte, plus il est peroxydé ; plus celle à 270 nm est forte, plus il est riche en produits secondaires d'oxydation.

**Tableau. 32:** *Evolution de l'$E_{232}$ en fonction du milieu et durée de stockage*

| E232 | jour 0 | Mois 1 | Mois 3 | Mois 6 | Mois 8 | Mois 10 | Mois 12 |
|---|---|---|---|---|---|---|---|
| SBTA | 1,09 | 1,16 | 1,3 | 0,94 | 1,43 | 1,21 | **1,73** |
| SNTA | 1,09 | 1,18 | 1,3 | 1,12 | 1,26 | 1,26 | **1,50** |
| S4C | 1,09 | 1,19 | 1,3 | 1,01 | **1,23** | 1,2 | 1,17 |

**Tableau. 33 :** **Evolution de l'$E_{270}$ en fonction du milieu et durée de stockage**

| E270 | jour 0 | Mois 1 | Mois 3 | Mois 6 | Mois 8 | Mois 10 | Mois 12 |
|---|---|---|---|---|---|---|---|
| SBTA | 0,17 | 0,21 | 0,25 | 0,20 | 0,23 | 0,23 | **0,3** |
| SNTA | 0,17 | 0,19 | 0,25 | 0,19 | 0,22 | 0,24 | **0,29** |
| S4C | 0,17 | 0,15 | **0,25** | 0,15 | 0,15 | 0,20 | 0,19 |

Pour les SNTA et SBTA les amandons stocké pendant 12 mois présentent l'absorbance la plus élevée à 232 nm; pour le S4C l'absorbance à 232 nm reste presque stable durant les 12 mois de stockage, ce qui nous permet de conclure que la température du milieu de stockage de l'amandons a favorisé la formation des produits primaires d'oxydation.

Le $E_{274}$ augmente au 3ème mois de stockage pour les 3 types d'huile et atteint 0,25. Cette valeur présente la valeur maximale pour le S4C qui se stabilise par la suite, mais pour le SNTA et SBTA on constate que leur valeur maximale apparait après 12 mois de stockage, 1,73 et 1,50 pour SBTA et SNTA respectivement, des valeurs qui démontrent clairement l'oxydation de l'huile.

### 7.2.4 RANCIMAT

Pour mesurer l'oxydation, l'appareil « Rancimat » est utilisé. Il nous permet de déterminer le temps de résistance d'un échantillon à l'oxydation par une mesure conductimétrique. Un flux d'air fixé à 20 L/h traverse l'échantillon chauffé à 110 °C. Les composés volatils générés par l'oxydation sont recueillis dans un récipient contenant de l'eau distillée. L'augmentation de la conductivité de l'eau est mesurée et représente la résistance de l'échantillon à l'oxydation, les résultats obtenus sont exprimés par heures. Ils sont représentés sur la figure 35.

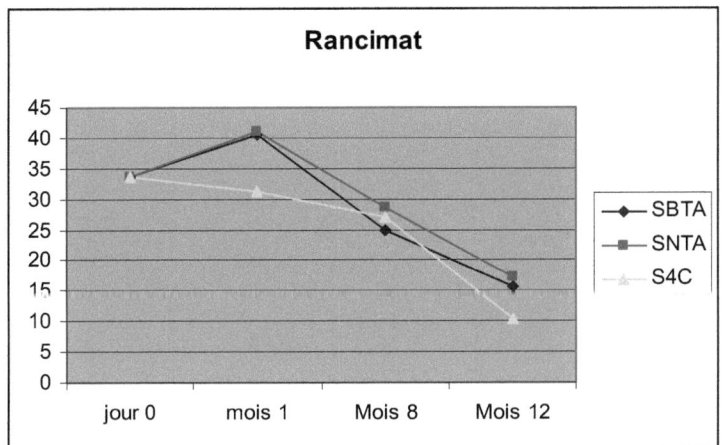

**Figure. 35 : Evolution de temps d'induction en fonction du milieu et durée de stockage**

L'huile extrait au premier jour indique 33,62 h comme temps d'induction, qui est une durée importante par rapport aux autres huiles végétales, La grande stabilité de l'huile d'argane, est due à la présence d'un taux élevé d'antioxydants naturels dont les plus importants sont les tocophérols [80,81]. Ces derniers se présentent sous quatre formes: $\alpha, \beta, \delta$ et $\gamma$. Les tocophérols protègent contre l'oxydation naturelle des acides gras, en particulier les acides gras polyinsaturés (AGPI). Weber et al ont démontré qu'une molécule de tocophérol peut protéger 103 à 106 molécules d'AGPI [82].

En plus que les tocophérols, on note la présence des polyphénols, qui jouent aussi le rôle d'antioxydant.

Après un mois de stockage à température ambiante le temps d'induction augmente. Ce n'est pas le cas pour la conservation à 4°C, la formation ou bien extraction des nouveaux antioxydants nécessite une température modéré. Après 8 mois de stockage, la réaction d'oxydation aura lieu, ce qui diminue le temps d'induction, cette diminution aura lieu pour toutes les huiles extraites soit à partir des amandons stockés à TA ou bien à 4°C.

## 7.2.5 COMPOSITION EN ACIDES GRAS

L'analyse des acide gras est obtenus par transmetylation de l'huile en acide gras ester méthyles, ces dernier sont analysé par CPG.

### A. SBTA:

Tableau. 34 : Evolution de la composition en acide gras des huiles des amandons SBTA en fonction de la durée de stockage

| % | Jour 0 | Mois 1 | Mois 3 | Mois 6 | Mois 8 | Mois 10 | Mois 12 |
|---|---|---|---|---|---|---|---|
| A. oléique | 47,2 | 46,4 | 48,8 | 47,9 | 47,4 | 48,1 | 48,9 |
| A. linoléique | 30,3 | 29,1 | 30,6 | 30,2 | 31,1 | 31,3 | 30,0 |
| A. Palmitique | 15,4 | 13,6 | 13,7 | 13,7 | 13,9 | 13,7 | 14,1 |
| A. Stéarique | 5,9 | 5,9 | 5,7 | 5,8 | 6,3 | 5,8 | 5,8 |

### B. SNTA

Tableau. 35 : Evolutions de la composition en acide gras des huiles amandons SNTA en fonction de la durée de stockage

| % | Jour 0 | Mois 1 | Mois 3 | Mois 6 | Mois 8 | Mois 10 | Mois 12 |
|---|---|---|---|---|---|---|---|
| A. oléique | 47,2 | 46,5 | 48,3 | 47,6 | 47,2 | 48,1 | 48,6 |
| A. linoléique | 30,3 | 29,5 | 31,0 | 31,2 | 31,4 | 30,4 | 30,3 |
| A. Palmitique | 15,4 | 13,8 | 13,7 | 13,5 | 13,9 | 14,6 | 14,0 |
| A. Stéarique | 5,9 | 5,8 | 5,6 | 5,6 | 6,1 | 5,7 | 5,8 |

### C. S4C

Tableau.36 : Evolution de la composition en acide gras des huiles amandons SBTA en fonction de la durée de stockage

| % | Jour 0 | Mois 1 | Mois 3 | Mois 6 | Mois 8 | Mois 10 | Mois 12 |
|---|---|---|---|---|---|---|---|
| A. oléique | 47,2 | 47 | 48,8 | 48,4 | 47,8 | 48,2 | 48,0 |
| A. linoléique | 30,3 | 29,7 | 30,5 | 30,2 | 30,5 | 30,9 | 30,6 |
| A. Palmitique | 15,4 | 14 | 13,7 | 13,9 | 14,1 | 13,9 | 14,3 |
| A. Stéarique | 5,9 | 6 | 5,8 | 5,9 | 6,2 | 5,8 | 5,8 |

La composition en acide gras des huiles extrait a partir des amandons stocké dans des sacs noire et blanc à température ambiante ou dans des sacs à 4°C n'a pas été modifiée. Pour les SNTA l'acide oléique fluctue entre 46,5 et 48,69 et l'acide linoléique entre 29,5 et 31,4. Pour les SBTA l'acide oléique varie entre 46,4 et 48,95 et l'acide linoléique entre 29,1 et 31,31, Pour les S4C l'acide oléique et linoléique sont entre 47 et 48,69 et 29,7 et 30,9 respectivement.

Les valeurs obtenues ne dépassent pas les limites préconisées par SNIMA, alors on peut conclure que le stockage des amandons n'influence pas beaucoup la composition chimique de l'huile extraite.

**7.3 CONCLUSION**

Les résultats obtenus montrent que la conservation des amandons dans des sacs blancs et noirs à température ambiante et leur conservation dans des sacs blancs à 4°C n'affecte pas significativement le rendement et la qualité de l'huile extraite. Le rendement reste stable et n'est jamais au dessous de 52%. L'acidité reste entre 0.1 et 0.35% (exprimé en acide oléique) pendant les 10 mois de stockage. On constate aussi que l'indice de peroxyde augmente légèrement et ne dépasse pas 4 (Meq d'$O_2$/kg). L'extinction spécifique à 270 nm ne dépasse pas 0,25 et celle à 232 ne dépasse pas 1,43. Le Rancimat indique une diminution du temps d'induction en fonction de la durée de stockage. Pour la composition en acides gras on n'a pas constaté de changement.

Après le 10ème mois les amandons commencent à pourrir et les valeurs des paramètres physico-chimiques augmentent et le temps d'induction diminue.

A partir de ces résultats on peut conclure que l'huile extraite à partir des amandons conservées pendant 10 mois dans des sacs blancs et noirs à température ambiante et des sacs blancs à 4°C a les caractéristiques d'une huile extra vierge.

D'après nos résultats nos préconisons une durée de stockage des amandons dans des sacs blancs ou noirs à température ambiante de 8 a 10 mois. Par contre celle des amandons conservés à 4°C dépasse 12 mois.

## 8. EXTRACTION DE L'HUILE D'ARGANE

### 8.1 EXTRACTION ARTISANALE (H.A)

L'extraction artisanale de l'huile d'argane se fait en plusieurs étapes :

Après une torréfaction artisanale qui dure 38 min pour 2.2 kg, la mouture des amandons se fait dans une meule en pierre taillée. Il en résulte une pâte de couleur brune. La durée de la mouture est de 1h43 min. cette étape est suivie d'un malaxage. La pâte obtenue est malaxée à la main dans une bassine, elle est additionnée d'eau tiède en petite quantité jusqu'à obtention d'une pâte onctueuse, qui est alors pétrie énergiquement jusqu'à apparition de l'huile. Ensuite le mélange pressée manuellement jusqu'à l'obtention de l'huile.

L'huile artisanale est généralement mise dans des bouteilles recyclées très souvent mal nettoyées.

Les figures suivantes représentent les étapes d'extraction artisanale de l'huile d'argane.

*Figure.36 : Torréfaction artisanale*

*Figure. 37 : Mouture*

*Figure.38 : Malaxage*

*Figure.39 : Pressage a la main*

Le tableau suivant renseigne sur le temps d'extraction d'un litre d'huile artisanale, pour chaque opération.

*Tableau.37 : la durée de chaque étape pour extraire un litre d'huile artisanale,*

|  | Torréfaction | Mouture | Malaxage |
|---|---|---|---|
| durée | 38 min | 1h43 min | 54 min |

La masse initiale des amandons est de 2.2 kg ; après torréfaction la masse diminue à cause de la perte d'eau au cours de la torréfaction ; la température de torréfaction dépasse 150 °C. Ces résultats montrent également que la mouture absorbe plus de 53 % du temps. Les temps de concassage et de dépulpage n'est pas pris en compte.

En utilisant cette méthode on obtient, à partir de 2,2 kg d'amandons, 0.93kg d'huile (1litre) avec un rendement de 42% pour une durée qui dépasse 3h15.

## 8.2. EXTRACTION PAR LE SOLVANT ORGANIQUE

### 8.2.1 EXTRACTION A CHAUD (SOXHLET)

La méthode normalisée du Soxhlet (NF EN ISO 659) a servi de référence pour la détermination de la teneur en huile. Cette méthode consiste en une extraction de l'huile par un solvant organique (hexane) sur une matrice solide (broyat de graines). L'extraction est réalisée en enceinte fermée selon un processus semi continu à partir de 10 jusqu'à 20 g de broyat. L'hexane contenant les lipides dissous est ensuite évaporé sous pression réduite à l'évaporateur rotatif. Cette technique permet de renouveler le solvant sans intervenir sur le dispositif. Plusieurs extractions sont nécessaires pour extraire la totalité de l'huile.

Cette méthode est longue (8h) et peu économique en solvant.

Pour l'huile d'argane, cette méthode utilisée pour déterminer la teneur en huile des amandons de l'arganier, l'huile extraite ne peut pas être consommée car elle contient des traces d'hexane.

Pour déterminer la teneur en huile des amandons de l'huile d'argane on a pris 20g d'amandons broyés, on les a mis dans une cartouche et on les a laissés pendant 8h. Cette opération a été répétée 3 fois. Les résultats obtenus sont regroupés dans le tableau 38.

*Tableau.38 : Rendement d'extraction de l'huile d'argane par Soxhlet.*

| Masse des amandons | Durée | Rendement % |
|---|---|---|
| 20 g | 8h | 53,48 |
| 20 g | 8h | 54,06 |

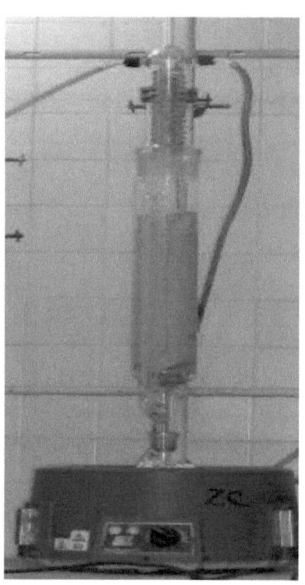

**Figure.40 : Soxhlet utilisé pour l'extraction de l'huile d'argane.**

### 8.2.2 Extraction à froid (macération)

L'extraction à froid consiste à faire agiter le broyat dans le solvant sans chauffage pendant une durée qui peut dépasser 48h.

Pour extraire l'huile d'argane par cette méthode, on a mis dans un erlen 20g d'amandons broyées puis on a ajouté 100 ml d'hexane ; le mélange est ensuite agité pendant 24h.

Les résultats obtenus sont regroupés dans le tableau 39 :

*Tableau.39: Rendement d'extraction de l'huile d'argane par macération.*

| Masse des amandons | Durée | Rendement % |
|---|---|---|
| 20 g | 24 h | 46,8 |
| 20 g | 24 h | 47,4 |

## 8.3 Extraction par presse mécanique (H.P)

Des essais d'extraction de l'huile par pressage mécanique de l'amandons de l'arganier ont été réalisés par plusieurs auteurs [5-6]. Dans la plupart des cas, le rendement d'extraction a été amélioré par rapport à la méthode artisanale.

Le pressage est réalisé par une presse à vis sans fin de type KOMET D85 (figure 41). Il permet de produire 6 à 8 litres d'huile par heure. L'huile obtenue par pressage mécanique est fortement chargée en matière solide. Elle nécessite une décantation de 4 à 10 jours avant la filtration sur un filtre presse.

Grâce à l'extraction mécanique on peut obtenir deux types d'huile :

1. L'huile alimentaire, au goût de noisette, obtenue par pressage mécanique des amandons torréfiées (HPT).

2. L'huile destinée à des usages cosmétiques, obtenue à partir des amandons non torréfiées (HPNT).

Donc le pressage mécanique permet de réduire le temps, et la pénibilité du travail. Elle permet également d'obtenir une huile de meilleure qualité et avec un bon rendement.

L'huile d'argane ainsi produite ne nécessite pas d'ajout d'eau pour l'extraction et par conséquent elle peut être conservée plus longtemps.

La machine d'extraction a plusieurs paramètres qui peuvent influencer le rendement de cette machine (vis, température, vitesse …). Afin d'optimiser le rendement nous avons effectué plusieurs essais pour trouver le réglage optimal de la machine.

**Figure.41 : machine d'extraction de l'huile d'argane « KOMET D85 »**

### 8.3.1 Huile alimentaire

Le changement du pas de la vis R8 par la R11 provoque le blocage de la machine plusieurs fois au cours de l'expérience, alors la vis qui sera utilisée est la R8.

L'utilisation de la buse 8 a donné un tourteau friable et contient une grande quantité d'huile, alors que la buse 6 donne des tourteaux presque secs.

La vitesse optimale pour extraire une huile alimentaire est la 3. Elle donne un rendement de 57,5%, la durée d'extraction de 34 Kg est de 6h25min. Par contre à partir de même poids la vitesse 2 donne un rendement de 55 en une durée de 7h15 min et la vitesse 1 donne un rendement de 55 % en une durée de 8h45 min.

La température de la tête de la machine est fixée à 140 °C et la température de l'huile mesurée est de 62°C.

D'après les résultats obtenus, les paramètres optimums de la machine pour l'extraction d'une huile alimentaire sont les suivants :

| Vis | Buse | Vitesse de rotation | T °C |
|-----|------|---------------------|------|
| R8  | 6    | 3                   | 140  |

La teneur en matière solide est de 7,3%. L'huile filtrée à une acidité de 0.3 ; un indice de peroxyde 4 meq $O_2$/kg et une extinction spécifique en UV à 270 de 0,21. Concernant les acides gras, la teneur en acide oléique et linoléique est de 46,2% et 32,4% respectivement.

La quantité de l'huile résiduelle dans les tourteaux représente 14%.

**8.3.1 Huile à usage cosmétique :**

La vitesse 2 a donné un tourteau friable au début de l'extraction ce qui nous a poussé à diminuer la vitesse.

On a rencontré des problèmes avec la vis R11 qui bloque la machine, et donne plus de résidu solide.

Le réglage utilisé au cours de l'extraction de l'huile cosmétique est: la vis R8, la buse 6, la vitesse 1 et la température de pressage est de 90°C (la température de l'huile est de 54°C).

Ce réglage donne un rendement de 61,5 % en une durée qui ne dépasse pas 4h30 min pour 20 kg d'amandons.

La teneur en résidu solide est de 4,3%, l'huile filtrée a une acidité de 0,3, un indice de peroxyde 4,12 meq $O_2$/kg et une extinction spécifique en UV à 270 de 0,21. Concernant les acides gras, la teneur en acide oléique et linoléique est de 43,9% et 34,4 % respectivement.

La quantité de l'huile résiduelle dans les tourteaux représente 7%.

**8.4 Filtration de l'huile**

Après 15 jours de décantation, l'huile est séparée du résidu solide, et devient facile à filtrer par la filtreuse, car une grande quantité de tartre colmate les filtres.

La filtreuse utilisée à la coopérative est de type JOLY 30, les essais sont faits sur les deux types d'huiles, la cosmétique et l'alimentaire.

**Figure.42 : machine de filtration de l'huile d'argane**

### 8.4.1 Huile alimentaire

La filtration de l'huile d'argane sur le filtre presse (marque) a été effectue sur une grande quantité d'huile 124 Kg, issus directement de la presse et sur des petites quantités 22 et 19,7 kg, les résultats sont consigné dans le tableau ci-dessous

*Tableau.40 : Résultats de filtration de l'huile alimentaire par machine.*

| M.A (Kg) | Masse tartre (Kg) | M.H (Kg) | Rendement % | Durée (min) |
|---|---|---|---|---|
| 124 | 37 | 87 | 70 | 43 |

M.A : Masse avant filtration

M.H : Masse de l'huile

| Masse des amandons (Kg) | Masse huile +tartre (Kg) | Masse de l'huile (Kg) | Masse de tartre (Kg) | Rendement % |
|---|---|---|---|---|
| 40,0 | 22,1 | 17,8 | 3,4 | 80,8 |
| 34,2 | 19,7 | 16,8 | 2,2 | 85,4 |

Il ressort de ces résultats que la filtration de l'huile alimentaire à partir de 124 kg a duré 43 min et nous a donné 87 kg d'huile avec un rendement de 70%.

Les autres essais réalisé sur de petites quantités d'huile ont donné des rendements plus élevés et varie entre 80 et 85%.

### 8.3.2 Huile à usage cosmétique

L'huile issus du pressage mécanique de l'amandons non torréfié est très chargé en tourteaux, sa filtration directement cause des blocages du filtre presse. Il faut donc soit laisser décanter 1 à 2 semaines, soit filtrer des petites quantités pour éviter le colmatage des filtres.

*Tableau.41 : Filtration de l'huile cosmétique.*

| Masse des amandons (Kg) | Masse huile +tartre (Kg) | Masse de l'huile (Kg) | Masse de tartre (Kg) | Rendement % |
|---|---|---|---|---|
| 35,3 | 19,6 | 17,4 | 1,2 | 88,6 |

La filtration de 19,6 kg d'huile non filtrée donne 17,4 kg d'huile avec un rendement de 88,6%.

Afin d'optimiser le rendement de la filtration de l'huile à usage cosmétique des terres filtrantes on été ajouté. Pour cela il faut mélanger l'huile décantée à la terre filtrante. Faire passer le mélanger pendant un certain temps, en boucle, jusqu'à ce que les filtres se saturent et commencer à recueillir l'huile dès qu'elle est parfaitement limpide.

## 8.4 CONCLUSION

L'extraction par Soxhlet et la macération à froid sont utilisés que pour les études au laboratoire et la détermination du rendement.

Pour extraire une huile alimentaire, avec un rendement optimal, nous avons utilisé le Vis R8 et le Buse 6 avec une température de tête qui ne dépasse pas 140°C. Le Rendement obtenu est de 57,5 % en huile chargé.

Pour l'huile cosmétique, Le réglage utilisé au cours de l'extraction est le vis R8, et la buse 6 et la température de tête ne dépasse pas le 90°C (la température de l'huile est de 54°C), ce réglage donne un Rendement de 61,5 % en huile non filtrée.

La filtration par de petites quantités d'huile, donne un rendement optimal qui varie entre 80 et 85%.

Dans cette condition les rendements en huile filtré varie entre 70 et 85% pour l'huile alimentaire et vers 89% pour l'huile à usage cosmétique.

RÉFÉRENCE BIBLIOGRAPHIQUE :

1. Matthäus B and Brühl L, Why is it so difficult to produce high-quality virgin rapeseed oil for human consumption? *Eur. J. Lipid Sci. Technol.* **2008**, 110, 611–617.

2.. Sanders T.H et al, Effects of Variety and Maturity on Lipid Class Composition of Peanut Oil, *Journal of the American Oil Chemists' Society*, Volume 57, Number 1 / janvier **1980**

3. Al-Maaitah, M.I., Al-Absi K.M. et Al-Rawashdeh A., Oil quality and quantity of three olive cultivars as influenced by harvesting date in the middle and southern parts of Jordan. *Int. J. Agric. Biol.*, **2009**. 11: 266–272

4. Msaada K et al, Effects of growing region and maturity stages on oil yield and fatty acid composition of coriander (*Coriandrum sativum* L.) fruit, *Scientia Horticulturae* 120 (**2009**) 525–531

5. Caponio F et al, Phenolic compounds in virgin olive oils: influence of the degree of olive ripeness on organoleptic characteristics and shelf-life, *Eur Food Res Technol*, **2001** 212 :329–333

6. Baccouri O ; Guerfel M; Cerretani L; Bendini A; Lercker G; Zarrouk M et Douja D, Chemical composition and oxidative stability of Tunisian monovarietal virgin olive oils with regard to fruit ripening, *Food Chemistry* 109 (**2008**) 743–754

7. Gutiérrez, F., Jiménez, B., Ruiz, A., & Albi, M. A.. Effect of olive ripeness on the oxidative stability of virgin olive oil extracted from the varieties Picual and Hojiblanca and on the different components involved. *Journal of Agricultural and Food Chemistry,* **1999**, 47, 121–127.

8. Salvador, M. D., Aranda, F., & Fregapane, G. Influence of fruit ripening on Cornicabra virgin olive oil quality: a study of four crop seasons. *Food Chemistry*, 2001, 73, 45–53.

9. Khaled Sebei et al, Évolution des tocophérols en relation avec les acides gras insaturés au cours de la maturation des graines de colza de printemps (*Brassica napus* L.), *C. R. Biologies* 330 (**2007**) 55–61

10. Faouzi Sakouhi et al, Tocopherol and fatty acids contents of some Tunisian table olives (*Olea europea* L.): Changes in their composition during ripening and processing, *Food Chemistry* 108 (**2008**) 833–839

11. Gogus F. The effect of movement of solutes on Maillard reaction during drying. *PhD Thesis*. Leeds University, Leeds, **1994**.

12. Lima, A. G. B., Queiroz, M. R., & Nebra, S. A. Simultaneous moisture transport and shrinkage during drying of solids with ellipsoidal configuration. *Chemical Engineering Journal*, **2002**. 86, 85–93.

13. Mujumbar, A. S. *Handbook of industrial drying (second ed.).* (**1995**). New York: Marcel Dekker

14. Mazza, G. & Le Maguer, M.. Dehydration of onion: Some theoretical and practical considerations. *J. Food Tech.*, **1980**, 15, 181-94.

15. Gail M et al. Factors influencing the drying of prunes 1. Effects of temperature upon the kinetics of moisture loss during drying. *Food Chemistry*, Vol. 57, No. 2, pp. 241-244, **1996**

16. Ponciano S. The Thin-layer Drying Characteristics of Garlic Slices. *Journal of Food Engineering.* 29 (**1996**) 15-97.

17. Krokida, M.K., Tsami,E., Maroulis,Z.B., Kinetics on Color Changes During Drying of Some Fruits and Vegetables, *Drying Technology*, **1998**, 16(3-5)667-685

18. Cheftel, J. C., & Cheftel, H. *Introduction à la chimie et à la biochimie des aliments Vol. 1.* Paris (France) (**1984**).: Lavoisier Tec et Doc.

19. Max Reynes - Cirad – France Bulletin du Réseau TPA n°14 - Avril **1997**

20. Norris, F. A. Extraction of fats and oils. In D. Swern (Ed.), Bailey's *Industrial Oils and Fat Products Vol. 2. (4th ed.).* New-York, USA; **1982**, John Wiley and Sons Inc.

21. Orthoeffer, F. T. Oil processing an quality assurance. In Y. H. Hui (Ed.), *Bailey's Industrial Oil and Fat Products Vol. 4.* New York (USA) **1996**: Wiley.

22. Karel, M and Villota, R. Prediction of ascorbic acid retention during drying II. Simulation of retention in a model system in *J. Food Proc. Pres.* (**1980**) 4, 141-159.

23. Wassef Nawar W. Lipids in Food Chemistry, (*Owen R. Fennema* eds), Marcel Dekker, Inc, New York, (**1996**). 1067p.

24. SNIMA. Service de normalisation industrielle marocaine. Huiles d'argane. Spécifications. Norme marocaine NM 08.5.090. Rabat: Snima, **2003**.

25. Womeni, H.M., C. Kapseu, M.F. Tchouanguep, M. Linder, J.J. Fanni and M. Parmentier, **2003**. Influence des traitements traditionnels des graines et amandes de karite sur la qualite du beurre. *Food Africa: Improving Food Systems in Sub Saharan Africa: Responding to a changing environment,* Yaounde, Cameroun.

26. Tchiégang C., Ngo Oum M., Aboubakar Dandjouma A. et Kapseu C. Qualité et stabilité de l'huile extraite par pressage des amandes de *Ricinodendron heudelotii* (Bail.) Pierre ex Pax pendant la conservation à température ambiante,. *Journal of Food Engineering* 62 (**2004**) 69 –77

27. Brooker D.B., Arkema F.B., Hall C.W. Drying and Storage of Grains and Oilseeds. An *AVİ Book*, Published by Van Nostrand Reinhold, ISBN 0-442- 20515-5, New York. **1992**.

28. Patterson H.B.W. Handiling and Storage of Oilseed, Oils, Fats and Meal. Elsevier *Applied Science*, 294 p., NewYork. **1989**.

29. Codex, Normes codex pour les huiles d'olive vierges et raffinées et pour l'huile de grignons d'olive raffinée. *Codex* STAN 33-1981 (Rév. 1-**1989**).

30. AFNOR, Recueil de normes françaises. Corps gras, graines oléagineuses, produits dérivés. (2ème éd.) Paris (France): **1981**. AFNOR.

31. Armelle Judde, Prévention de l'oxydation des acides gras dans un produit cosmétique : mécanismes, conséquences, moyens de mesure, quels antioxydants pour quelles applications ? *Oléagineux, Corps Gras, Lipides*. **2004**, Volume 11, Numéro 6, 414-8, Huiles, corps gras et produits cosmétiques.

32. Jung, M. Y., Bock, J. Y., Baik, S. O., Lee, J. H., & Lee, T. K. Effects of roasting on pyrazine contents and oxidative stability of red pepper seed oil prior to its extraction. *Journal of Agricultural and Food Chemistry*, **1999**. 47, 1700–1704.

33. Kim, I.-H., Kim, C.-J., You, J.-M., Lee, K.-W., Kim, C.-T., Chung, S.-H., & Tae, B.-S. Effect of roasting temperature and time on the chemical composition of rice germ oil. *Journal of The American Oil Chemist's Society*, **2002**. 79, 413–418.

34. Yen, G. C. Influence of seed roasting process on the changes in composition and quality of sesame (Sesame indicum) oil. *Journal of the Science of Food and Agriculture*, **1990**. 50, 563–570.

35. Yoshida, H., & Takagi, S. Effects of seed roasting temperature and time on the quality characteristics of sesame (Sesamum indicum) oil. *Journal of the Science of Food and Agriculture*, **1997**. 75, 19–26.

36. Hassan Yazdanpanah, Tayyebeh Mohammadi, Giti Abouhossain et A. Majid Cheraghali, Effect of roasting on degradation of Aflatoxins in contaminated pistachio nuts. *Food and Chemical Toxicology* 43 (**2005**) 1135–1139

37. In-Hwan K; Chul-Jin K; Jeung-Mi Y; Kwang-Won L; Chong-Tai K; Soo-Hyun C et Beom-Seok T, Effect of Roasting Temperature and Time on the Chemical Composition of Rice Germ Oil. *JAOCS*, **2002**, Vol. 79, no. 5

38. Anjum F ; Farooq A; Amer J et Iqbal M; Microwave Roasting Effects on the Physico-chemical Composition and Oxidative Stability of Sunflower Seed Oil, *JAOCS*, **2006**, Vol. 83, no. 9

39. Charrouf Z, El Hamchi H, Mallia S, Licitra G, Guillaum D. Influence of roasting and seed collection on argan oil odorant composition. *Nat Prod Commun*, 2006; 1 : 399-404.

40. Yoshida, H., Y. Hirakawa, S. Abe, and Y. Mizushina, The Contents of Tocopherols and Oxidative Quality of Oils Prepared from Sunflower (*Helianthus annuus* L.) Seeds Roasted in a Microwave Oven, *Ibid. 104*:116–122 (**2002**).

41. Yoshida, H., Y. Hirakawa, Y. Tomiyama, and Y. Miz, Effect of Microwave Treatment on the Oxidative Stability of Peanut (*Arachis hypogeae*) Oils and the Molecular Species of Their Triacylglycerols, *Eur. J. Lipid Sci. Technol. 105*:351–358 **(2003)**.

42. Yoshida, H., Y. Hirakawa, and S. Abe, Roasting Influence on Molecular Species of Triacylglycerols in Sunflower Seeds (*Helianthus annuus* L.), *Food Res. Int. 34*:613–619 **(2001)**.

43. Yoshida, H., J. Shigezaki, S. Takagi, and G. Kojimoto, Variations in the Composition of Various Acyl Lipids, Tocopherols and Lignans in Sesame Seed Oils Roasted in a Microwave Oven, *J. Sci. Food Agric. 68*:407–415 **(1995)**.

44. Fukuda, Y., Food Chemical Studies on the Antioxidants in Sesame Seed, *Nippon Shokuhin Kogyo Gakkaishi (J. Jpn. Soc.Food Sci.) 37*:484–492 **(1990)**.

45. Yoshida, H., and G. Kojimoto, Microwave Heating Effects Composition and Oxidative Stability of Sesame (*Sesamum indicum*) Oil, *J. Food Sci. 58*:616–625 **(1994)**.

46. Anwar, F., T. Anwar, and Z. Mehmood, Methodical Characterization of Rice Bran Oil from Pakistan, *Grasas Aceites 56*:126–127 **(2005)**.

47. Megahad, M.G., Microwave Roasting of Peanuts: Effects on Oil Characteristics and Composition, *Nahrung 45*:255–257 **(2001)**.

48. Yoshida, H., S. Takagi, and Y. Hirakawa, Molecular Species of Triacylglycerols in the Seed Coats of Soybeans (*Glycine max* L.) Following Microwave Treatment, *J. Food Chem. 70*:63–69 **(2000)**.

49. Yen, G. C., & Shyu, S. L. Oxidative stability of sesame oil prepared from sesame seed with different roasting temperatures. *Food Chemistry*, 31, 215–224 **(1989)**..

50. Beckel, R. W., & Waller, G. R. Antioxidative arginine-xylose Maillard reaction products:condition for synthesis. *Journal of Food Science*, 48, 996–997 **(1983)**..

51. Elizade, B. E., Rosa, M. D., & Lerici, C. R. Effects of Maillard reaction volitiles products on lipid oxidation. *Journal of The American Oil Chemist's Society,* 68, 758–762 **(1991)**..

52. Elizade, B. E., Bressa, F., & Rosa, M. D. Antioxidative action of Maillard reaction volitiles: Influence of Maillard solution browning level. *Journal of The American Oil Chemist's Society*, 69, 331–334 **(1992)**..

53. Yen, G.C., Influence of Seed Roasting Process on the Changes in Composition and Quality of Sesame (*Sesamum indicum*) Oil, *J. Sci. Food Agric. 50*:563–570 **(1990)**.

54. Kim, I.H., C.J. Kim, M.J. You, K.W. Lee, C.T. Kim, S.H. Chung, and B.S. Tae, Effect of Roasting Temperature and Time on the Chemical Composition of Rice Germ Oil, *J. Am. Oil Chem. Soc. 79*:413–418 **(2002)**.

55. Veldsink, J. W., Muuse, B. G., Meijer, M. M. T., Cuperus, F. P., Van de Sande, R. L. K. M., & van Putte, K. P. A. M. Heat pretreatment of oilseeds: effect on oil quality. *Fette/Lipid*, 7, 244–248 (**1999**).

56. Clark, P. K., & Syder, H. E. Effect of moisture and temperature on the phosphorus content of crude soybean oil extracted from fine flour. *Journal of The American Oil Chemist's Society*, 68, 814–817 (**1991**).

57. Koechler, P. F., & Odell, G. V. Factors affecting the formation of pyrazine compounds in sugar-amine reaction. *Journal of Agricultural and Food Chemistry*, 18, 895–898 (**1970**).

58. W.D. Powrie, C.H. Wu, V.P. Molund. Browning reactions systems as sources of mutagens and antimutagens. *Environ. Health Perspect.*, **1986**, vol. 67 : 47-54.

59. M. Charrouf. Contribution à l'étude chimique de l'huile d'*Argania spinosa (Sapotacées)*. PhD Thèse, Univ, of Perpignan, France, **1984**.

60. Rossell, J. B. Vegetable oil and fats. In *Analysis of Oilseeds, Fats and Fatty Foods*; Eds; *Elsevier*: New York. **1991**, pp: 261-319.

61. Hilali M, Charrouf Z , Soulhi A, Hachimi L et Guillaume D. Influence of Origin and Extraction Method on Argan Oil Physico-Chemical Characteristics and Composition. *J.Agric. Food Chem.* **2005**, 53, 2081-2087.

62. Charrouf Z., El Kabouss A., Nouaim R. ; Bensouda Y. etYaméogo R. « Etude de la composition chimique de l'huile d'argane en fonction de son mode d'extraction ». Al Biruniya, Rev. Mar. Pharm. (**1997**) tome 13, 1, 35-39

63. Garcia-Pascual P ; Mateos M; Carbonell V; Salazar D. M; Influence of Storage Conditions on the Quality of Shelled and Roasted Almonds. *Biosystems Engineering* (**2003**) 84 (2), 201–209

64. Kazantzis I ; Nanos G D et Stavroulakis G, Effect of harvest time and storage conditions on almond kernel oil and sugar composition, *Journal of the science of food and agriculture*, **2003**, vol. 83, no4, pp. 354-359.

65. Kyle A. Reeda, Charles A. Simsa, Daniel W. Gorbetb, S.F. O'Keefec. Storage water activity affects flavor fade in high and normal oleic peanuts. *Food Research International* 35 (**2002**) 769–774

66. Lopez, A., Pique, M. T., Romero, A et Aleta, N. Influence of cold-storage conditions on the quality of unshelled walnuts. *Int J. Refrig*. Vol. 18, No. 8, pp. 544 549, **1995**

67. Borisjuk L; Thuy ha N; Neuberger T; Rutten T; Tschiersch H; Claus B et Jakob P; Gradients of lipid storage, photosynthesis and plastid differentiation in developing soybean seeds, *New Phytologist,* 167 : 761–776 (**2005**)

**68.** Wolf R. B. , Cavins J. F,. Kleiman R et Black L. T, Effect of Temperature on Soybean Seed Constituents: Oil, Protein, Moisture, Fatty Acids, Amino Acids and Sugars 230 / *JAOCS*, vol. 59, no. 5 **(1982)**.

**69.** Zacheo G; Cappello M S; Gallo A; Santino A; Cappello A R. Changes associated with postharvest ageing in almond seeds. *Lebensmittel Wissenschaft und Technologie*, 33, 415–423, **(2000)**

**70.** Senesi E; Rizzolo A; Sarlo S. Effect of different packaging conditions on peeled almond stability. *Italian Journal of Food Science*, 3, 209–218 **(1991)**

**71.** Sattar A; Jan M; Ahmad A; Durrani S K. Peroxidation and heavy metals of dry nuts oils. *Acta Alimentaria*, 19(3), 225-228 **(1990)**

**72.** Sattar A; Mohammad J; Saleem A; Jan M; Ahmad A. Effect of fluorescent light, gamma radiation and packages on oxidative deterioration of dry nuts. Sarhad, *Journal of Agriculture*, 6(3), 235–240 **(1990)**

**73.** Gou P; Dıaz I; Guerrero L; Valero A; Arnau J. Physicochemical and sensory property changes in almonds of Desmayo Largueta variety during roasting. *Food Science and Technology International*, 6(1), 1–7 **(2000)**

**74.** O'Keefe, S.F., Wiley, V.A., and Knauft, D.A. Comparison of oxidative stability of high- and normal-oleic peanut oils. *JAOCS* 70(5): 489-492. **(1993)**

**75.** Grosch, W.. Lipid degradation products and flavour. In: *Food Flavours*: Part A. Introduction. Morton, I.D. and Macleod, A.J., (eds.) New York: *Elsevier Scientific Publishing* Co. p. 377-380. **(1982)**

**76.** Hellevang K.J. Crop Storage Management.NDSU. Extension Service, ND 58105-AE-791, North Dakota, USA. **(1990)**.

**77.** Harrier J.P. Drying and Storing Sunflowers. Kansas State Unv. Cooperative Extension Service, Ag. Facts 158, Kansas. **(1987)**.

**78.** Proctor D.L.Grain Storage Techniques Evolution and Trends in Developing Countries. FAO *Agricultural Service Bulletin* No 109, ISBN 92-5-103456-7,Roma. **(1994)**.

**79.** Hellevang K. Storing Wet Sunflower. *Irrigator's Workshops*, Bismarck Radisson Inn. 4 Decenber 2000. **(2000)**.

**80.** A.P. Carpenter, Determination of tocopherols in vegetable oils, *J. Am. Oil Chem. Soc.* 56 668–671 **(1979)**.

**81.** L. Machlin, Vitamin E: A Comprehensive Treatise, Marcel Decker Inc., New York, **1980**.

**82.** E.J. Weber, Carotenoids and tocopherols of corn grain determined by HPLC, *J. Am. Oil Chem. Soc.* 64; 1129–1134 **(1987)**.

## CONCLUSION GENERALE

Dans ce travail nous nous sommes fixé comme objectif de valoriser l'huile d'argane. Ce travail appliqué porte sur les attributs et les déterminants de la qualité de l'huile d'argane : étude des facteurs influençant la qualité, amélioration des procédés impliqués.

Pour ce qui concerne l'évaluation des déterminants de la qualité, notre démarche passe par l'évaluation des paramètres sur la chaîne de production depuis la collecte jusqu'à l'obtention de l'huile d'argane et inclut également l'amélioration des procédés. Après avoir dressé une liste raisonnée de facteurs (déterminants) affectant la qualité, nous avons mené une étude permettant l'amélioration des procédés existant afin de permettre des résultats vulgarisables pour la filière actuelle (séchage, dépulpage, torréfaction, extraction, stockage…)

Il s'agira donc de donner confiance aux acheteurs d'huile d'argane via une qualité améliorée et ciblée par rapport aux diverses utilisations (sécurisation du marché) et un itinéraire technique optimisé.

Nos résultats après étude des paramètres influents à chaque étape du procédé de production du fruit au stockage de l'huile d'argane, conduisent à émettre les recommandations suivantes :

- Le dépulpage est facilité par le séchage, mais nous avons noté une baisse de la résistance à l'oxydation au-delà lors d'une exposition solaire prolongée. La durée du séchage devrait être limitée à 2 - 3 semaines.

- Les fruits et les noix peuvent être conservés pendant 24 mois sans affecter la qualité de l'huile ; il est recommandé de stocker les noix plutôt que les fruits entiers afin de gagner de l'espace dans l'entrepôt.

- L'opération de dépulpage étant facilitée par une faible humidité des fruits, il est recommandé de dépulper en été et de stocker les noix. En cas d'achat de fruits, les sécher durant 2 à 3 jours avant le dépulpage.

- Les conditions de stockage des amandons (lumière, température), après séchage suffisant, n'affectent pas la qualité de l'huile

- Des conditions acceptables ont été déterminées pour une presse d'usage courant dans les ateliers artisanaux, pour une huile à usage alimentaire et une huile cosmétique.

- L'opération de filtration dans des conditions soignées est indispensable. Laisser décanter l'huile après pressage dans des fûts en acier inox, l'huile non décantée colmatant assez rapidement le filtre-presse.

## La Liste des Abreviations

| | |
|---|---|
| AFNOR | : Association française de normalisation |
| CNRST | : Centre national de la recherche scientifique et technologique |
| COI | : Conseil oléicole international |
| CPG | : Chromatographie de phase gazeuse |
| DAG | : diacylglycéride |
| ECF | : Etude de Conservation des Fruits |
| ECN | : Etude de Conservation des Noix |
| EMV | : eau et matières volatile |
| GC/MS | : Chromatographie de phase gazeuse couplée à la spectrométrie de masse |
| H.P | : Huile de presse |
| H.A | : Huile artisanale |
| H.L | : Huile de laboratoire |
| HDL | : Haute densité de lipoprotéine (high density lipoprotéine) |
| HPLC | : Chromatographie liquide à haute performance |
| HPNT | : Huile de presse non torréfiée |
| HPT | : Huile de presse torréfiée |
| IR | : Infra-Rouge |
| L | : Acide linoléique |
| LCPSOB | : Laboratoire de Chimie des Plantes et de Synthèse Organique et Bio-organique |
| MS | : matières sèche |
| AO | : Acide oléique |
| AP | : Acide palmitique |
| PPB | : Partie par milliard |
| PPM | : Partie par million |
| RMN | : Résonance magnétique nucléaire |
| AS | : Acide stéarique |
| S4C | : Sachet au refrigerator à 4°C. |
| SBTA | : Sachet Blanc à Température Ambiante |
| SM | : Spectrométrie de masse |
| SNIMA | : Service de Normalisation Industrielle Marocaine |
| SNTA | : Sachet Noire à Température Ambiante |
| TAG | : triacyleglécyride |
| UICPA | : L'union internationale de chimie pure et appliquée |
| UV | : Ultraviolet |
| UVB | : Radiations des rayons ultraviolets, UV (290 à 320 nm) |

# LA LISTE DES TABLEAUX

- **SYNTHESE BIBLIOGRAPHIQUE**

| | | |
|---|---|---|
| Tab. 1 | Caractéristiques physico-chimiques de l'huile d'argane………………….. | 10 |
| Tab. 2 | Composition en acides gras de l'huile d'argane…………………………... | 11 |
| Tab. 3 | Triglycérides de l'huile d'argane……………………………………….. | 13 |
| Tab. 4 | Composé phénolique de l'huile d'argane………………………………… | 21 |
| Tab. 5 | La composition chimique de la pulpe……………………………………. | 23 |
| Tab. 6 | Composition en acide gras de l'extrait lipidique de la pulpe…………….. | 24 |
| Tab. 7 | Les dérivés phénoliques isolés de la pulpe………………………………. | 26 |
| Tab. 8 | Les dérivés phénoliques isolés du tourteau……………………………… | 30 |
| Tab. 9 | Saponines du tourteau de l'arganier…………………………………….. | 32 |

- **RESULTATS ET DISCUSSION**

| | | |
|---|---|---|
| Tab. 1 | Pourcentage d'amandons par rapport à la noix…………………………. | 43 |
| Tab. 2 | Evolution du rendement en huile des fruits en fonction stade de maturité…… | 44 |
| Tab. 3 | Evolution des paramètres physico-chimiques en fonction stade de maturité…. | 44 |
| Tab. 4 | Evolution de la stabilité oxydative en fonction stade de maturité…………… | 45 |
| Tab. 5 | Evolution de la composition en acide gras en fonction stade de maturité……. | 46 |
| Tab. 6 | Evolution de la masse de la coque et des amandons en fonction de la durée de séchage des fruits de l'arganier………………………………….. | 49 |
| Tab. 7 | Evolution de la teneur en phosphore et lécithine en fonction de la durée de séchage des fruits de l'arganier………………………………………….. | 57 |
| Tab. 8 | Evolution de la composition en acides gras en fonction de la durée de séchage des fruits de l'arganier………………………………………….. | 58 |
| Tab. 9 | Evolution de l'extinction spécifique en UV à 232 et 270 nm en fonction de la durée de stockage des fruits et de noix de l'arganier…………………. | 66 |
| Tab.10 | Evolution de la composition en acides gras en fonction de la durée de stockage des fruits et de noix de l'arganier………………………………. | 68 |
| Tab.11 | Dépulpage en fonction de la durée de séchage………………………….. | 73 |
| Tab.12 | Résultats de dépulpage après la sortie du magasin de stockage………….. | 74 |
| Tab.13 | Résultats de dépulpage après une journée de séchage…………………... | 74 |
| Tab.14 | La durée de triage des noix de la pulpe…………………………………. | 74 |
| Tab.15 | Résultats de dépulpage des fruits non gaulé……………………………. | 75 |
| Tab.16 | Résultats de dépulpage des fruits gaulé………………………………… | 76 |
| Tab.17 | Durées de concassage des noix par les femmes………………………… | 79 |
| Tab.18 | Evolution de la teneur en EMV en fonction de la durée de torréfaction des amandons de l'arganier………………………………………………… | 82 |
| Tab.19 | Evolution de l'activité de l'eau en fonction de la durée de torréfaction des amandons de l'arganier………………………………………………… | 82 |
| Tab.20 | Evolution de l'acidité en fonction de la durée de torréfaction des amandons de l'arganier. ……………………………………………….. | 83 |
| Tab.21 | Evolution de l'indice de peroxyde en fonction de la durée de torréfaction des amandons de l'arganier…………………………………………….. | 83 |
| Tab.22 | Evolution de l'extinction spécifique à 232 et 270 nm en fonction de la durée de torréfaction des amandons de l'arganier……………………….. | 84 |
| Tab.23 | Evolution de l'indice de réfraction en fonction de la durée de torréfaction des amandons de l'arganier…………………………………………….. | 84 |
| Tab.24 | Evolution de Rancimat en fonction de la durée de torréfaction des amandons de l'arganier………………………………………………… | 85 |
| Tab.25 | Evolution de la composition en acides gras en fonction de la durée de torréfaction des amandons de l'arganier………………………………… | 86 |
| Tab.26 | Evolution de la teneur en phosphore en fonction de la durée de torréfaction | |

| | des amandes de l'arganier................................................................ | 87 |
|---|---|---|
| Tab.27 | Evolution de l'indice de couleur en fonction de la durée de torréfaction des amandons de l'arganier................................................................ | 89 |
| Tab.28 | Evolution de la composition en stérols en fonction de la durée de torréfaction des amandons de l'arganier. | 90 |
| Tab.29 | Evolution de tocophérol en fonction de la durée de torréfaction des amandons de l'arganier................................................................ | 91 |
| Tab.30 | Evolution des polyphénols totaux en fonction de la durée de torréfaction des amandons de l'arganier................................................................ | 92 |
| Tab.31 | Evolution du tourteau en fonction de la durée de torréfaction des amandons de l'arganier................................................................ | 93 |
| Tab.32 | Evolution de l'E232 en fonction du milieu et durée de stockage................. | 102 |
| Tab.33 | Evolution de l'E270 en fonction du milieu et durée de stockage................. | 102 |
| Tab.34 | Evolutions de la composition en acide gras des amandons SBTA en fonction durée de stockage................................................................ | 104 |
| Tab.35 | Evolutions de la composition en acide gras des amandons SNTA en fonction durée de stockage................................................................ | 104 |
| Tab.36 | Evolution de la composition en acide gras des amandons SBTA en fonction durée de stockage................................................................ | 104 |
| Tab.37 | La durée de chaque étape pour extraire un litre d'huile artisanale............... | 109 |
| Tab.38 | Rendement d'extraction de l'huile d'argane par Soxhlet......................... | 110 |
| Tab.39 | Rendement d'extraction de l'huile d'argane par macération..................... | 111 |
| Tab.40 | Résultats de filtration de l'huile alimentaire par machine....................... | 114 |
| Tab.41 | Résultats de filtration de l'huile cosmétique par machine....................... | 115 |

## LA LISTE DES FIGURES

- **SYNTHESE BIBLIOGRAPHIQUE**

| | | |
|---|---|---|
| Fig. 1 | Acides gras majoritaires de l'huile d'argane...................................... | 12 |
| Fig. 2 | Structure des tocophérols de l'huile d'argane ................................... | 14 |
| Fig. 3 | Composition chimique du stérol................................................... | 15 |
| Fig. 4 | Stérols de l'huile d'argane......................................................... | 16 |
| Fig. 5 | Triterpènes et méthylstérols de l'huile d'argane................................. | 18 |
| Fig. 6 | Composition chimique de β-carotène ............................................. | 19 |
| Fig. 7 | Triterpènes et méthylstérols de la pulpe.......................................... | 25 |
| Fig. 8 | Arganine K isolée de la pulpe des fruits de l'arganier........................... | 27 |
| Fig. 9 | Structure chimique du polyisoprène............................................... | 28 |
| Fig.10 | Dérivés phénoliques isolés du tourteau........................................... | 31 |
| Fig.11 | Arganine A - F ..................................................................... | 32 |
| Fig.12 | Arganine G, H et J ................................................................. | 36 |

- **RESULTATS ET DISCUSSION**

| | | |
|---|---|---|
| Fig. 1 | Les femmes récoltent les fruits d'argane......................................... | 42 |
| Fig. 2a | Fruits verts et intermédiaires...................................................... | 46 |
| Fig. 2b | Fruits mûrs.......................................................................... | 46 |
| Fig. 3 | Séchage des fruits de l'arganier à l'air libre..................................... | 47 |
| Fig. 4 | Evolution du rendement de dépulpage en fonction de la durée de séchage des fruits de l'arganier................................................................ | 50 |
| Fig. 5 | Evolution de la teneur en eau en fonction de la durée de séchage des fruits de l'arganier................................................................ | 50 |
| Fig. 6 | Evolution du rendement en huile en fonction de la durée de séchage des fruits de l'arganier................................................................ | 51 |

| | | |
|---|---|---|
| Fig. 7 | Evolution de l'acidité en fonction de la durée de séchage des fruits de l'arganier.................................................................................................... | 52 |
| Fig. 8 | Evolution de l'indice de peroxyde en fonction de la durée de séchage des fruits de l'arganier................................................................................... | 53 |
| Fig. 9 | Evolution de l'extinction spécifique à 232 nm en fonction de la durée de séchage des fruits de l'arganier................................................................ | 54 |
| Fig.10 | Evolution de l'extinction spécifique à 270 nm en fonction de la durée de séchage des fruits de l'arganier................................................................ | 55 |
| Fig.11 | Evolution de l'indice de réfraction en fonction de la durée de séchage des fruits de l'arganier................................................................................... | 55 |
| Fig.12 | Evolution de Rancimat en fonction de la durée de séchage des fruits de l'arganier............................................................................................ | 56 |
| Fig.13 | Courbe d'étalonnage............................................................................... | 57 |
| Fig.14 | Evolution de la teneur en eau en fonction de la durée de stockage des fruits et des noix de l'arganier.................................................................. | 62 |
| Fig.15 | Evolution du rendement en huile en fonction de la durée du stockage des fruits et des noix de l'arganier................................................................ | 63 |
| Fig.16 | Evolution de l'acidité en fonction de la durée de stockage des fruits et des noix de l'arganier..................................................................................... | 64 |
| Fig.17 | Evolution de l'indice de peroxyde en fonction de la durée de stockage des fruits et de noix de l'arganier................................................................... | 65 |
| Fig.18 | Evolution du temps d'induction en fonction de la durée de stockage des fruits et des noix de l'arganier.................................................................. | 67 |
| Fig. 19 | Des chèvres sur l'arganier...................................................................... | 70 |
| Fig. 20 | Dépulpage manuel des fruits de l'arganier............................................. | 71 |
| Fig. 21 | Dépulpage mécanique des fruits de l'arganier........................................ | 71 |
| Fig. 22 | Dépulpeur mécanique utilisé au cours de cette étude............................ | 72 |
| Fig. 23 | Fruits non gaulés.................................................................................... | 75 |
| Fig. 24 | Fruits gaulés........................................................................................... | 76 |
| Fig. 25 | Concassage des noix par une femme..................................................... | 78 |
| Fig. 26 | Torréfacteur utilisé au cours de cette étude............................................ | 81 |
| Fig. 27 | Réaction de Maillard.............................................................................. | 86 |
| Fig. 28 | Huile de presse selon la durée de torréfaction des amandons de l'arganier... | 88 |
| Fig. 29 | Courbe d'étalonnage............................................................................... | 92 |
| Fig. 30 | Conservation des amandons à température ambiante............................ | 97 |
| Fig. 31 | Evolution du rendement en fonction de la durée et du milieu de stockage... | 98 |
| Fig. 32 | Evolution d'EMV en fonction de la durée de stockage......................... | 99 |
| Fig. 33 | Evolution de l'acidité en fonction du milieu et durée de stockage............. | 100 |
| Fig. 34 | Evolution de l'indice de peroxyde en fonction du milieu et durée de stockage................................................................................................... | 101 |
| Fig. 35 | Evolution de temps d'induction en fonction du milieu et durée de stockage.. | 103 |
| Fig. 36 | Torréfaction artisanale........................................................................... | 107 |
| Fig. 37 | Mouture.................................................................................................. | 108 |
| Fig. 38 | Malaxage................................................................................................ | 108 |
| Fig. 39 | Pressage a la main.................................................................................. | 108 |
| Fig. 40 | Soxhlet utilisé pour extraction de l'huile d'argane................................. | 110 |
| Fig. 41 | Machine d'extraction de l'huile d'argane « KOMET D85 »................... | 112 |
| Fig. 42 | Machine de filtration de l'huile d'argane............................................... | 114 |

# SOMMAIRE

**INTRODUCTION GENERALE**

**SYNTHESE BIBLIOGRAPHIQUE**

**I. GENERALITES SUR L'ARGANIER**

| | | | |
|---|---|---|---|
| 1 | DESCRIPTION BOTANIQUE DE L'ARGANIER | | 4 |
| 2 | ASPECT HISTORIQUE | | 5 |
| 3 | LES ROLES DE L'ARGANIER | | 7 |

**II - COMPOSITION CHIMIQUE DES DERIVES DE L'ARGANIER**

| | | |
|---|---|---|
| 1 | L'HUILE D'ARGANE | 9 |
| 1.1 | COMPOSITION CHIMIQUE DE L'HUILE D'ARGANE | 9 |
| 1.2 | L'INTERET DE L'HUILE D'ARGANE | 21 |
| 2 | LA PULPE | 22 |
| 3 | LA COQUE | 28 |
| 4 | LE TOURTEAU | 29 |
| 5 | LES FEUILLES | 33 |
| 6 | LE BOIS | 35 |

**RESULTATS ET DISCUSSION**

**EVALUATION DES DETERMINANTS DE LA QUALITE DE L'HUILE D'ARGANE.**

**LA RECOLTE ET LA MATURITE DES FRUITS DE L'ARGANIER.**

| | | |
|---|---|---|
| 1.1 | La récolte | 42 |
| 1.2 | La maturité | 43 |

**SECHAGE DES FRUITS DE L'ARGANIER**

| | | |
|---|---|---|
| 2.1 | INTRODUCTION | 47 |
| 2.2 | RESULTATS ET DISCUSSION | 48 |
| 2.3 | CONCLUSION | 59 |
| 3. | STOCKAGE DES FRUITS ET DES NOIX DE L'ARGANIER | |
| 3.1 | INTRODUCTION | 60 |
| 3.2 | RESULTATS ET DISCUSSION | 61 |
| 3.3 | CONCLUSION | 69 |
| 4. | DEPULPAGE DES FRUITS DE L'ARGANIER | |
| 4.1 | INTRODUCTION | 70 |
| 4.2 | RESULTATS ET DISCUSSION | 72 |
| 4.3 | CONCLUSION | 77 |
| 5. | CONCASSAGE DES NOIX DES FRUITS DE L'ARGANIER | 78 |
| 6. | TORREFACTION DES AMANDONS DE L'ARGANIER | |
| 6.1 | INTRODUCTION | 80 |
| 6.2 | RESULTATS ET DISCUSSION | 81 |
| 6.3 | CONCLUSION | 95 |
| 7. | STOCKAGE DES AMANDONS DE L'ARGANIER | |
| 7.1 | INTRODUCTION | 96 |
| 7.2 | RESULTATS ET DISCUSSION | 97 |

| | | |
|---|---|---|
| 7.3 | CONCLUSION……………………………………………………….. | 106 |
| **8.** | **EXTRACTION DE L'HUILE D'ARGANE** | |
| 8.1 | METHODE D'EXTRACTION ARTISANALE (H.A) ……………..…………………… | 107 |
| 8.2 | METHODE D'EXTRACTION PAR SOLVANT ORGANIQUE……………................ | 109 |
| 8.3 | METHODE D'EXTRACTION PAR PRESSE MECANIQUE (H.P) ……………… | 111 |
| 8.4 | FILTRATION DE L'HUILE………………………………………..................... | 113 |
| 8.4 | CONCLUSION……………………………………………………….. | 116 |
| | **CONCLUSION GENERALE**……………………………………………….. | 123 |

# I want morebooks!

Buy your books fast and straightforward online - at one of the world's fastest growing online book stores! Environmentally sound due to Print-on-Demand technologies.

Buy your books online at

## www.get-morebooks.com

Achetez vos livres en ligne, vite et bien, sur l'une des librairies en ligne les plus performantes au monde!
En protégeant nos ressources et notre environnement grâce à l'impression à la demande.

La librairie en ligne pour acheter plus vite

## www.morebooks.fr

OmniScriptum Marketing DEU GmbH
Heinrich-Böcking-Str. 6-8
D - 66121 Saarbrücken

Telefax: +49 681 93 81 567-9

info@omniscriptum.de
www.omniscriptum.de

Printed by Books on Demand GmbH, Norderstedt / Germany